Kilian/Krismer/Loreck/Sagmeister

•

Wissensmanagement
Werkzeuge für Praktiker

W0249040

Wissensmanagement

Werkzeuge für Praktiker

3. Auflage

Dietmar Kilian
Robert Krismer
Stefan Loreck
Andreas Sagmeister

Linde
international

Bibliografische Information Der Deutschen Bibliothek

Die Deutsche Bibliothek verzeichnet diese Publikation in der Deutschen Nationalbibliografie; detaillierte bibliografische Daten sind im Internet über http://dnb.ddb.de abrufbar.

Das Werk ist urheberrechtlich geschützt. Alle Rechte, insbesondere die Rechte der Verbreitung, der Vervielfältigung, der Übersetzung, des Nachdrucks und der Wiedergabe auf fotomechanischem oder ähnlichem Wege, durch Fotokopie, Mikrofilm oder andere elektronische Verfahren sowie der Speicherung in Datenverarbeitungsanlagen, bleiben, auch bei nur auszugsweiser Verwertung, dem Verlag vorbehalten.

ISBN 978-3-7093-0171-5

Es wird darauf verwiesen, dass alle Angaben in diesem Fachbuch trotz sorgfältiger Bearbeitung ohne Gewähr erfolgen und eine Haftung der Autoren oder des Verlages ausgeschlossen ist.

Umschlag: AG MEDIA GmbH

© LINDE VERLAG WIEN Ges.m.b.H., Wien 2007
1210 Wien, Scheydgasse 24, Tel.: 0043/1/24 630
www.lindeverlag.at

Druck: Hans Jentzsch & Co. GmbH, 1210 Wien, Scheydgasse 31

Vorwort

Das Buch „Wissensmanagement – Werkzeuge für Praktiker“ liegt jetzt nach nur zwei Jahren bereits in der 3. Auflage, erstmals im Linde Verlag, vor.

Das große Interesse gibt dem Konzept Recht, eine möglichst vollständige Zusammenstellung von Wissensmanagement-Werkzeugen herauszugeben. Dieses Projekt wurde von Praktikern für Praktiker realisiert – mit dem Ziel, durch leichte Lesbarkeit auch leichte Nutzbarkeit zu gewährleisten. Die 3. Auflage beinhaltet Ergänzungen und Erweiterungen um relevante Themen wie beispielsweise Decission Rooms, Intervention, Konferenzsysteme, Suchtechnologien und Zeitmanagement.

Damit wurden weitere relevante Werkzeuge und Methoden des Wissensmanagements vor dem Hintergrund verschiedener Berufserfahrungen praxisgerecht aufbereitet.

Die Darstellung der einzelnen Instrumente ist konsistent und fördert daher die Orientierung des Lesers bzw. der Leserin: Jedes Instrument wird kurz beschrieben („Charakteristik“), es werden Umsetzungshinweise gegeben („Praktische Umsetzung“), es wird gezeigt, worauf es wirklich ankommt („Wichtig“), und relevante technische Voraussetzungen bzw. Hilfsmittel werden skizziert. Jedes einzelne Werkzeug wird durch ein Management Summary („Zusammenfassung“) abschließend kurz dargestellt.

Dieses Buch ist daher weiterhin für alle Leser empfehlenswert, die einen praxisbezogenen Einstieg in die zunehmend unübersichtlich werdende Materie „Wissensmanagement“ suchen, und/oder für einen erfahreneren Personenkreis, der geeignete Methoden und Instrumente des Wissensmanagements für eigene Projekte sucht und ein kompetentes Urteil von Praktikern erwartet. Für beide Zielgruppen liefert die vorliegende Publikation den geeigneten roten Faden.

Wir wünschen Ihnen eine angenehme Lektüre und in Folge Inspiration und Motivation für ein erfolgreiches Umsetzen der Anregungen dieses Buches.

Mai 2007 Die Autoren

Inhaltsverzeichnis

1 Überblick

1.1 Thema und Zielsetzung

In den letzten Jahren haben sich die Publikationen zum Thema Wissensmanagement explosionsartig vervielfacht. Als daher die Idee entstand, die Erfahrungen und Erkenntnisse des Autorenteams in einem Buch zu bündeln, war die erste Frage, der wir uns stellten: „Wozu eine weitere Veröffentlichung zum Thema Wissensmanagement?“

Der Schwerpunkt der bisher veröffentlichten Fachliteratur liegt auf der Präsentation von theoretischen Konzepten oder von Fallstudien. Der Überblick über Werkzeuge, die im Wissensmanagement Anwendung finden, kommt dabei unserer Erfahrung nach zu kurz.

Diese Lücke schließen wir mit dem vorliegenden Buch und wir stellen unseren Lesern in einer übersichtlichen Form die Vielzahl der Werkzeuge vor, die sich für Interventionen im Sinne eines weit gefassten Wissensmanagementbegriffes eignen.

An dieser Stelle ein Hinweis auf ein diffiziles Thema: Die Auffassungen darüber, was unter Wissen und in weiterer Folge unter Wissensmanagement verstanden wird, gehen sowohl in der Praxis als auch in der Wissenschaft auseinander – mehr dazu im Kapitel „Was ist Wissensmanagement?“. Wir haben daher auch bei der Auswahl der Werkzeuge einen pragmatischen und umfassenden Ansatz gewählt und berücksichtigen solche Instrumente, die die Interventionen in den Bereichen Wissen, Information, Kreativität, Problemlösung, Kommunikation und Zusammenarbeit unterstützen.

Ein solcher Überblick über Werkzeuge des Wissensmanagements kann nie vollständig sein. Die Auswahl der Werkzeuge, welche im Rahmen von Wissensmanagement-Projekten eingesetzt werden, orientiert sich ausschließlich an der Zielsetzung des Projektes. Sofern es Sinn macht, wird daher auf existierende Tools zurückgegriffen, die bereits in anderen Themenbereichen eingesetzt wurden. Daher gibt es nur eine Hand voll Instrumente, die speziell für das Wissensmanagement entwickelt wurden.

Den Inhalt und den Aufbau dieser Zusammenstellung haben wir als Praktiker an den Bedürfnissen von Praktikern ausgerichtet. Diesen soll eine

Orientierungshilfe für die situationsbezogene Auswahl von Wissensmanagement-Werkzeugen geboten werden. Daher werden die wichtigsten Instrumente kurz vorgestellt und Tipps für deren Implementierung und Anwendung gegeben. Diese Ausführungen werden von einer entsprechenden graphischen Aufbereitung und einer Kurzzusammenfassung begleitet, so dass der Leser sich rasch ein Bild über ein konkretes Werkzeug, dessen Leistungsvermögen und Alternativen machen kann.

Wir beschränken uns bewusst darauf, einen Überblick zu geben und Kontextinformationen für den Umgang mit den Tools zu bieten. Umfassendere Erläuterungen zu den einzelnen Werkzeugen würden den Rahmen dieses Buches sprengen. Zur Vertiefung verweisen wir auf die umfassende Fachliteratur zu den jeweiligen Einzelthemen. Jene Werke, die wir persönlich am hilfreichsten empfunden haben, führen wir im Literaturverzeichnis am Ende des Buches an.

1.2 An wen richtet sich das Buch?

„Wissensmanagement – Werkzeuge für Praktiker“ richtet sich in erster Linie an Praktiker, worunter wir jene Personen verstehen, die mit der Umsetzung von Wissensmanagement im Rahmen von konkreten Projekten zu tun haben.

Innerhalb dieser Zielgruppe sehen wir zwei verschiedene Situationen, in denen dieses Werk Hilfestellung bieten kann:

- Zum Einstieg in die Materie *Wissensmanagement*
  Beide Teile des Buches zusammen ergeben einen übersichtlichen Einblick in die Thematik. Die wichtigsten Begriffe werden definiert, Trends und Rahmenbedingungen für erfolgreiches Wissensmanagement werden vorgestellt und die geläufigsten Instrumente beschrieben. In diesem Sinne möchten wir das Buch auch an Studierende adressieren, die sich erstmals mit diesem Fachgebiet auseinandersetzen. Dem Einsteiger in das Thema in der Praxis wird damit eine Entscheidungshilfe für oder gegen Wissensmanagement, für oder gegen ein konkretes Projekt, für oder gegen ein spezifisches Werkzeug geboten.

- Als Nachschlagewerk für erfahrene Wissensmanager
  Vor allem der zweite Teil, die Beschreibung der verschiedenen Werkzeuge, bietet sich als kompaktes Nachschlagewerk für den Kenner an. Im Planungsstadium von Wissensmanagement-Projekten findet man hier neue Anregungen bzw. Alternativen zu bereits bekannten Werkzeugen.

1.3 Wie arbeite ich mit dem Buch?

Bei der Konzeption dieses Buches haben wir intensive Überlegungen darüber angestellt, wie wir dem Leser die Arbeit mit diesem Buch möglichst unkompliziert gestalten können. Das Ergebnis war eine Gliederung in zwei Teile:

Im ersten Teil werden das Konzept Wissensmanagement, dessen Implementierung sowie die wichtigsten begleitenden Maßnahmen vorgestellt. Dieser Teil ist als herkömmlicher Fließtext, der von einigen erklärenden Grafiken unterbrochen wird, gestaltet.

Im zweiten Teil werden die geläufigsten Werkzeuge in alphabetischer Reihenfolge beschrieben. Da dieser Teil den Schwerpunkt des Buches bildet, haben wir besonderen Wert auf eine übersichtliche Aufbereitung gelegt. Jedes Tool wird auf der rechten Seite anhand der Punkte „Charakteristik", „Praktische Umsetzung", „Wichtig", „Technische Voraussetzungen/ Hilfsmittel" und einer abschließenden Zusammenfassung beschrieben. Auf der linken Seite werden diese Informationen durch Grafiken erläutert und ergänzt. Die erste Grafik „Wichtigste Eigenschaften und verwandte Werkzeuge" ist bei jedem Tool ident gestaltet und soll dem Leser die erste Einordnung des Instruments und das Auffinden von alternativen Tools ermöglichen.

Für den Leser bedeutet diese Gestaltung, dass er seine Herangehensweise an seinen Wissensstand anpassen kann.

Dem Einsteiger empfehlen wir, sich erst einen Überblick über den Themenbereich zu verschaffen und den ersten Teil durchzulesen. Eine isolierte Anwendung von Wissensmanagement-Werkzeugen, ohne sich vorher mit dem Themenbereich und dessen Bedeutung für die eigene Organisation auseinandergesetzt zu haben, beurteilen wir als wenig aussichtsreich.

Der Leser sei allerdings gewarnt: Da die Sichtweise von Wissensmanagement auch unter Wissensmanagern alles andere als einheitlich ist, können wir es ihm nicht ersparen, seinen eigenen Standpunkt selbst zu definieren und, von diesem ausgehend, Zielsetzung und Konzept eigenständig für die spezifische Organisation zu erarbeiten. Erst wenn diese Festlegung erfolgt ist, macht die Auswahl und Anwendung eines konkreten Werkzeugs Sinn.

Der Kenner sollte diese Vorarbeiten bereits geleistet haben. Es schadet allerdings nicht, eigene Zielsetzungen und Konzepte gelegentlich zu überdenken und zu überprüfen. Er kann daher direkt in den Werkzeugteil einsteigen und diesen nach Anregungen und Ideen durchblättern.

Zusammenfassung

- Dieses Buch bietet einen Überblick zum Themenbereich Wissensmanagement und speziell zu den wichtigsten Wissensmanagement-Werkzeugen in deren Kontext.
- Insbesondere soll Praktikern die situationsbezogene Auswahl von Tools erleichtert werden.
- Das Buch kann sowohl für den Einstieg in das Thema als auch als kompaktes Nachschlagewerk herangezogen werden.
- Je nach Wissensstand empfehlen wir, zuerst den allgemeinen Teil zu studieren oder direkt in den Werkzeugbereich einzusteigen.

2 Was ist Wissensmanagement?

Ziel dieses Buches ist es, Wissensmanagement-Werkzeuge für den Praktiker kurz und prägnant zu beschreiben. Eine umfassende Einführung ins Thema Wissensmanagement (WM) würde den Rahmen dieses Buches sprengen. Dennoch ist ein gewisses Grundverständnis des Umfeldes, in dem diese Werkzeuge verwendet werden, unerlässlich für deren effiziente Anwendung. In diesem Kapitel werden daher die wichtigsten Perspektiven des modernen Wissensmanagements kurz beschrieben.

Nicht zuletzt aufgrund der vielen Interpretationsmöglichkeiten von Wissensmanagement sind wesentliche Unterschiede im Ansatz und der Umsetzung festzustellen. Vor diesem Hintergrund veröffentlichte das ISSS (Standardisierungssystem für die Informationsgesellschaft) des Europäischen Instituts für Normung im Frühjahr 2004 den „Europäischen Leitfaden zur erfolgreichen Praxis im Wissensmanagement". Um ein möglichst einheitliches Verständnis der Thematik zu gewährleisten, wird in diesem Buch diese Arbeitsübereinkunft (CEN – CWA-14924) als Richtlinie verwendet.

2.1 Zu den Begriffen Wissen und Wissensmanagement

Auf Grund der bemerkenswerten Anzahl an Definitionen für die Begriffe *Wissen* und *Wissensmanagement* zitieren wir ausschließlich die Definitionen aus dem CEN-Papier. Das Erarbeiten einer persönlichen Interpretation ist für ein ganzheitliches Bild der Thematik und in weiterer Folge für zielgerichtete Aktivitäten unerlässlich.

Wissen

Definition nach CEN/ISSS:

Eine Gruppierung von Daten und Informationen (vom Gesichtspunkt der Informationstechnologie) und einer Kombination mehrerer unterschiedlicher mentaler Aktivitäten. Diese können sein: Erfahrung, Gefühle, Werte, Intuitionen, Ahnungen, Werthaltungen, Glauben, Vertrauen, Neugierde, Motive, Lernfähigkeit, Offenheit, Verhalten, Synthesevermögen, Risikobereitschaft, Fähigkeit, mit Komplexität umzugehen, Kommunikationsfähigkeit, Unternehmergeist etc. Wissen dient der Fähigkeit, rationale Entscheidungen zu treffen und vernünftig zu handeln.

Gewöhnlich wird zwischen explizitem, formulierbarem und implizitem Wissen (schwer/nicht aussprechbar) unterschieden und zwischen persönlichem und kollektivem Wissen.

Diese Definition impliziert, dass Wissen immer an Personen oder Organisationen gebunden ist, weshalb Bücher, Datenbanken und Ähnliches lediglich Daten oder bestenfalls Information enthalten können. Erst durch die Kombination dieser Daten mit Erfahrung, Gefühlen, Werten usw. entsteht beim Einzelnen tatsächlich Wissen.

Laut obiger Definition bedingt Wissen lediglich die Fähigkeit, zu entscheiden oder zu handeln, nicht das Handeln an sich.

Wissensmanagement (WM)

Definition nach CEN/ISSS:

Geplantes, fortlaufendes Management von Aktivitäten und Prozessen, welche die Wirksamkeit von Wissen steigern und die Wettbewerbsfähigkeit durch bessere Erzeugung und Nutzung von individuellen und kollektiven Wissensressourcen stärken.

Während sich der Begriff *Wissen* mit der Fähigkeit, zu entscheiden und zu handeln, begnügt, zielt WM auf die Steigerung der Wirksamkeit von Wissen und damit nicht nur auf die Handlungsfähigkeit, sondern auf das tatsächliche Handeln ab. Als Konsequenz daraus gilt eine reine Anhäufung von Wissen, ohne dieses für Handlungen zu verwenden, nicht als Maßnahme im Sinne des Wissensmanagements.

2.2 Herkunft und Trends im Wissensmanagement

Wissensmanagement hat zwei unterschiedliche Wurzeln, wobei der Schwerpunkt der meisten Werkzeuge eindeutig einem dieser beiden Bereiche zugeordnet werden kann.

Ein Teil der Werkzeuge ist dem Bereich der *Lernenden Organisation* zuzuordnen, wobei versucht wird, durch systematisches Lernen die Effizienz einer Organisation zu steigern. Der andere Teil entstammt dem Gebiet der *Informationstechnologie*, die nach der Welle der großen Datenbanken, in denen alle verfügbaren Informationen gesammelt wurden, nach einem höheren „Veredelungsgrad" ihrer Lösungen suchte.

Zahlreiche Publikationen und Fallstudien belegen eindrucksvoll, dass der Schlüssel zu effizienten WM-Aktivitäten vorwiegend im Bereich sogenannter „weicher" Faktoren liegt. Man denke an kulturelle Aspekte, persönliche Motivation, Methoden des Change Management, Kommunikation und Zusammenarbeit. Die Rolle der Informationstechnologie wird zwar als wichtig angesehen, jedoch gilt sie lediglich als Ermöglicher von Lösungen.

Zwei aktuelle Trends im Umfeld von WM, denen selbstverständlich bei der Auswahl der Werkzeuge in diesem Buch Rechnung getragen wurde, sind die Bereiche *Innovationsmanagement* und *Kompetenzmanagement.*

Innovationsmanagement

Unter Innovationsmanagement werden oft fälschlicherweise lediglich kreative Prozesse, nicht aber das systematische Arbeiten an Produkt-, Prozess- und Verfahrensinnovationen verstanden. Auf die Erörterung der Frage, ob Innovationsmanagement ein Teil von Wissensmanagement ist oder umgekehrt, wird hier bewusst verzichtet, da dies für die Anwendung von Werkzeugen unerheblich erscheint.

Kompetenzmanagement

Kompetenzmanagement versucht sich vom Wissensmanagement abzugrenzen, indem es die Anwendung des Wissens, und nicht nur die Fähigkeit zu agieren, ins Zentrum der Anstrengungen stellt. Dies trifft ansatzweise auch für die modernen Definitionen von WM zu (z. B. von CEN/ISSS).

Kompetenzmanagement beschäftigt sich neben dem Aufbau der Fähigkeit, zu handeln (eine der gängigen Definitionen von WM), verstärkt mit den Faktoren *können*, *wollen* und *sollen*, dem Umsetzen des Wissens in Handlungen.

Durch die große Ähnlichkeit von Wissens-, Innovations- und Kompetenzmanagement kann ein erheblicher Teil der vorgestellten Werkzeuge jedem dieser drei Themenblöcke zugeordnet werden.

2.3 Gestaltungsdimensionen von ganzheitlichem Wissensmanagement

Drei Ebenen sind entscheidend für eine ganzheitliche Betrachtung von Wissensmanagement. Die Ganzheitlichkeit der Betrachtung stellt sicher, dass WM-Aktivitäten zielgerichtet, systematisch und mit Fokus auf den letztendlichen Zweck, die Steigerung der Wertschöpfung eines Unternehmens, ausgerichtet sind.

- Das **Kerngeschäft** repräsentiert die Wertschöpfungsprozesse einer Organisation und sollte im Zentrum jeder WM-Initiative stehen. Zum Kerngeschäft zählen unter anderem Strategieentwicklung, Innovation, Entwicklung, Verkauf und Kundendienst. Diese Prozesse verkörpern den organisationalen Kontext, in dem für die Wettbewerbsfähigkeit kritisches Wissen entsteht und angewendet wird. Auch die organisationsübergreifenden Kontakte mit Lieferanten, Partnern und Kunden werden zum Kerngeschäft gezählt.
- Die **Kernaktivitäten** stellen die zweite Ebene des Modells dar. Darunter werden je nach Definition fünf (CEN) oder sechs (Probst, Raub, Romhardt) Einzelprozesse verstanden, welche sich mit dem Identifizieren, Erzeugen, Speichern, Teilen und Nutzen von Wissen auseinandersetzen. Die in diesem Buch vorgestellten WM-Werkzeuge unterstützen überwiegend Aktivitäten auf dieser Ebene.
- Die **Befähiger** ermöglichen den effektiven Umgang mit Wissen innerhalb der Wertschöpfungskette und werden in die Untergruppen persönliche und organisationale Wissensfähigkeiten gegliedert. Unter *persönlichen Wissensfähigkeiten* werden Fähigkeiten, die bei Einzelpersonen oder Gruppen entwickelt werden müssen, subsumiert. Dazu zählen unter anderem Ambition, Fachkenntnisse, Verhalten, Erfahrung, Werkzeuge, Zeitmanagement. Unter *organisationalen Wissensfähigkeiten* werden jene Fähigkeiten verstanden, die auf Managementebene entwickelt werden müssen. Dazu zählen beispielsweise Mission, Vision und Strategie, Prozessabläufe und organisatorische Strukturen, Messverfahren und Verständnis der Unternehmenskultur.

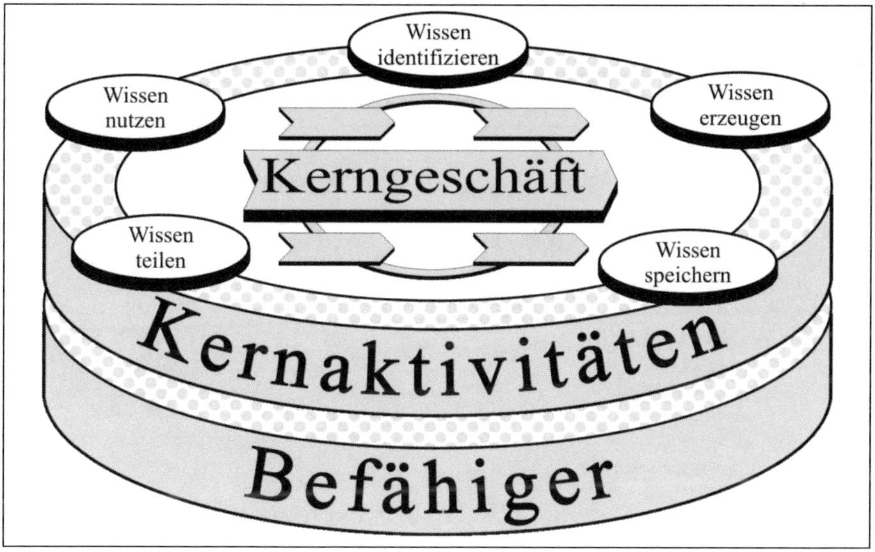

Die drei Ebenen eines ganzheitlichen Wissensmanagement-Konzeptes

2.4 Mechanistisches versus organisches Wissensmanagement

Während in Mitteleuropa eine stark prozessorientierte Sichtweise vorherrscht, sind im angelsächsischen Raum organische Modelle vorherrschend. Auf Grund ihrer spezifischen Stärken und Schwächen ist, je nach Kontext, die eine oder die andere Herangehensweise effizienter, weshalb beide Modelle vorgestellt werden. Als komplexe Systeme verlangen beide eine tiefere Kenntnis der weiterführenden Literatur.

Mechanistisches Wissensmanagement

Eine mechanistische Sichtweise wird beispielsweise in dem Standardwerk von Probst, Raub und Romhardt „Wissen managen: Wie Unternehmen ihre wertvollste Ressource optimal nutzen“ beschrieben.

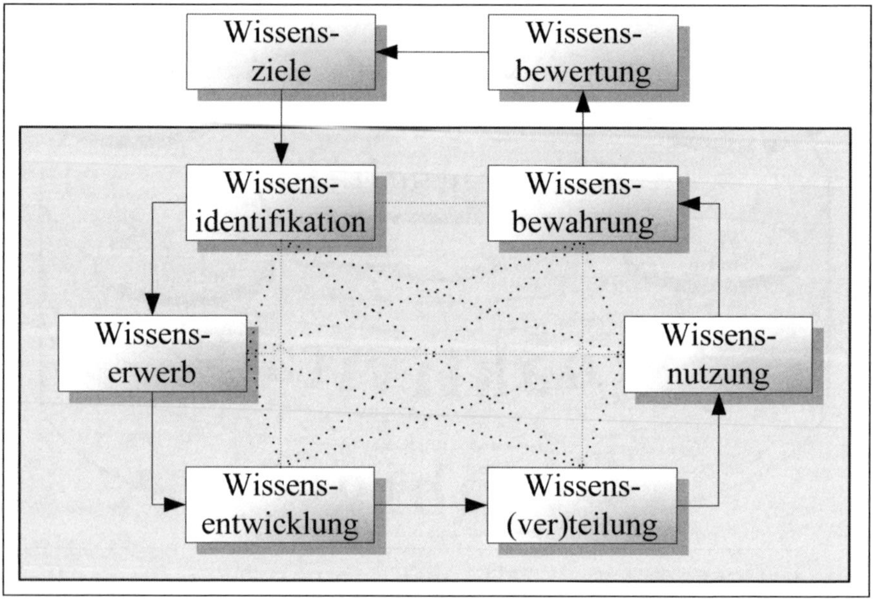

Die Bausteine des Wissensmanagements nach Probst, Raub, Romhardt

Die Autoren unterscheiden zwischen den Bausteinen und den Kernprozessen des Wissensmanagements. Die Kernprozesse umfassen jene sechs Elemente im inneren Feld der Darstellung, welche in gleichwertigen Beziehungen zueinander stehen. Diese Kernprozesse dienen als die wichtigsten Ansatzpunkte für Interventionen im Rahmen von WM-Aktivitäten bei unterschiedlichen Problemstellungen, die laut den Autoren nur an einem einzelnen der Kernprozesse erfolgen können.

Das Modell der Bausteine des WM fügt zu diesen sechs Basis-Elementen zwei Elemente hinzu, die der Steuerung und Kontrolle der Maßnahmen dienen, und verbindet diese acht Bausteine durch einen logischen Kreislauf.

Diese mechanistischen oder prozessorientierten Modelle haben einerseits im Bereich der Innovation und des Abbaus von Barrieren Schwächen, zeichnen sich andererseits aber durch eine gut strukturierte Anleitung für Aktivitäten aus.

Organisches Wissensmanagement

Organisches Wissensmanagement zielt auf ein ganzheitliches Systemverständnis ab. Es beschäftigt sich mit der Feststellung des Ordnungszustandes in einem komplexen System und der Überführung in den Idealzustand für die jeweilige Problemstellung.

Ein typischer Vertreter der organischen Sichtweise ist David Snowden, der diese unter anderem in seiner Publikation „Complex Acts of Knowing: Paradox and Descriptive Self-awareness“ beschrieben hat.

Die nachfolgenden Beispiele stellen zwei konkrete Anwendungsfälle des Modells dar, da eine detaillierte Beschreibung der Felder und Interventionstypen für die unterschiedlichen Problemstellungen die im Einleitungsteil genannten Ansprüche übersteigen. Details können den zahlreichen Publikationen, die sich speziell mit dem beschriebenen Cynefin-Modell auseinandersetzen, entnommen werden.

Im Gegensatz zu den mechanistischen Modellen hat die organische Sichtweise den Vorteil, dass Ausgangszustände und Barrieren wesentlich besser berücksichtigt werden können und deutlich mehr auf die Elemente des Change Management eingegangen werden kann. Allerdings haben diese Modelle den Nachteil, wesentlich weniger Anhaltspunkte für strukturierte Vorgehensweisen zu bieten.

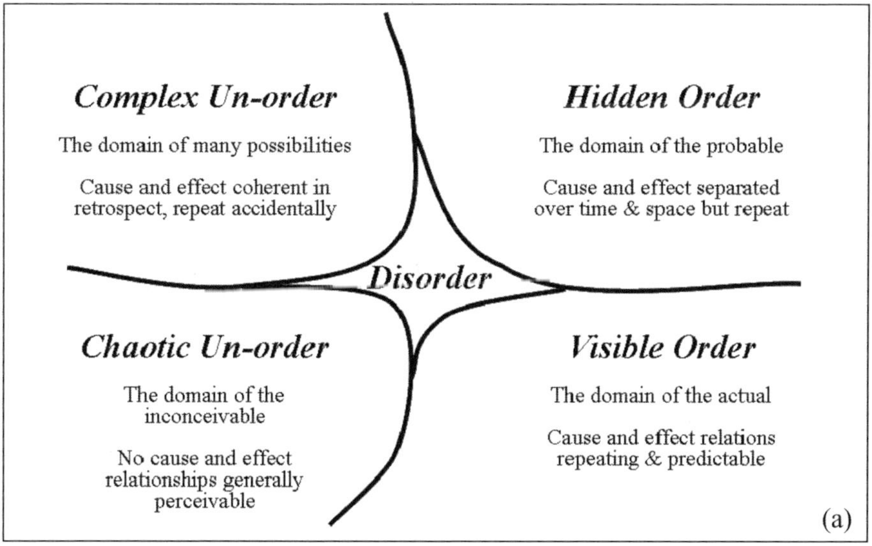

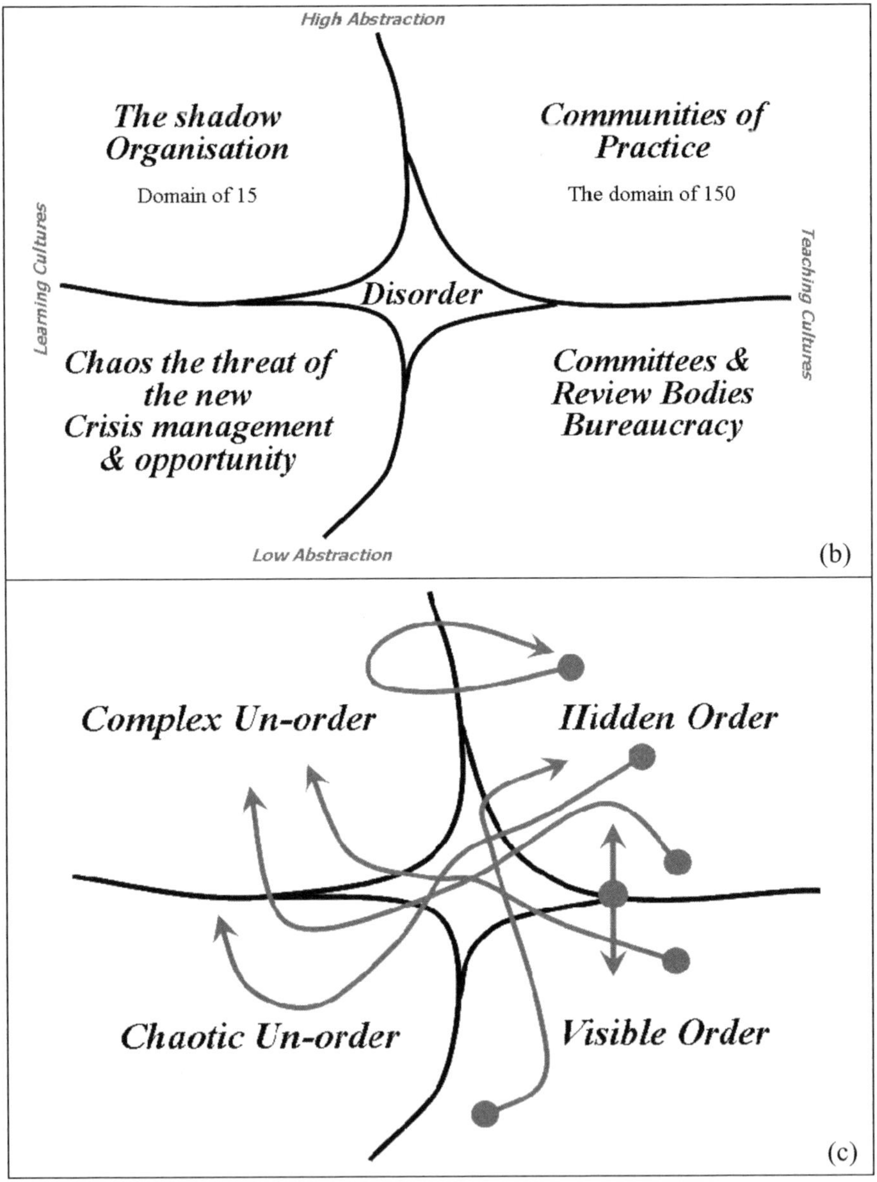

Das Cynefin-Modell nach David Snowden als Management-Landschaft (a), angewandt auf das Thema Wissensmanagement (b) und zur Planung von Interventionen (c).

2.5 Kritische Erfolgsfaktoren für Wissensmanagement

Der Erfolg von WM-Aktivitäten hängt, wie bereits erwähnt, im Besonderen von „weichen" Faktoren ab. Einen umfassenden Überblick gibt eine europaweite Befragung von Mertins, Heisig und Vorbeck, die 2001 veröffentlicht wurde.

In dieser Publikation wurde, wie in einer Vielzahl weiterer Arbeiten, die Unternehmenskultur als der entscheidende Faktor für den Erfolg von WM-Aktivitäten eruiert. Das bedeutet, dass für die Effizienz der vorgestellten Werkzeuge die vorherrschende Kultur im Unternehmen – und hier im Speziellen der Umgang mit Wissen – mitentscheidend ist.

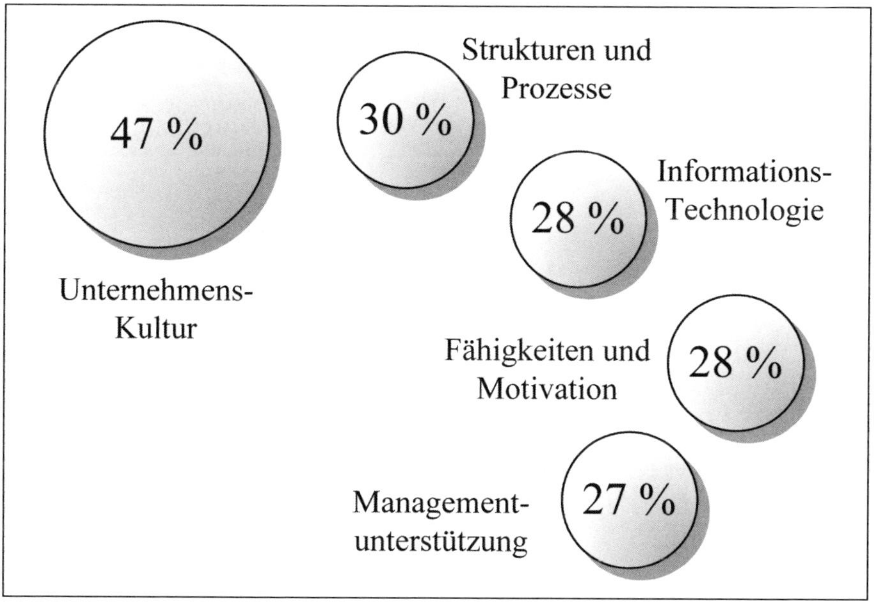

Die kritischen Erfolgsfaktoren für WM (Mertins, Heisig, Vorbeck; 2001)

Über die Wirtschaftlichkeit des Einsatzes von WM entscheidet letztendlich neben diesen kritischen Erfolgsfaktoren die logische, aber trotzdem häufig vernachlässigte Tatsache, dass Wissen erst zum Unternehmenswert beiträgt, wenn es angewandt wird.

Deshalb ist bei allen Werkzeugen darauf zu achten, dass mit dem „produzierten Wissen" auch wirklich Mehrwert im Unternehmen geschaffen wird – sprich, dass das Wissen angewandt wird.

Zusammenfassung

- Oberstes Ziel von Wissensmanagement ist die Unterstützung der Kernprozesse.
- Ganzheitliche Ansätze berücksichtigen die drei Gestaltungsdimensionen Kerngeschäft, Kernaktivitäten und Befähiger.
- Die mechanistische und die organische Sichtweise von WM haben unterschiedliche Stärken bzw. Schwächen.
- Wichtigster kritischer Erfolgsfaktor für WM-Aktivitäten ist die Unternehmenskultur.
- Erst angewandtes Wissen bringt Mehrwert im Unternehmen.

3 Implementierung von Wissensmanagement

Wissensmanagement ist für Unternehmensprozesse ein wesentlicher Erfolgsfaktor und bietet dadurch ein hoch attraktives Betätigungsfeld. Die Umsetzung im Unternehmen scheitert aber immer wieder an Hindernissen oder wird durch diese verzögert. Deshalb stellt sich die Frage, wie man Wissensmanagement in einem Unternehmen implementieren soll.

Aktuelle Konzepte der Wissensmanagement-Implementierung gehen meist von der Durchführung in Projektform aus. Früher wurden diese Projekte meist organisationsbedingt abgegrenzt. Heute werden die meisten erfolgreichen Wissensmanagement-Projekte in der Erstphase auf bestimmte, wesentliche Prozesse des Unternehmens bezogen. Dann erfolgt eine Ausweitung (Roll-Out) auf andere Prozesse im Unternehmen.

Die nähere Darstellung in diesem Buch bezieht sich auf die Veröffentlichung „Europäischer Leitfaden zur erfolgreichen Praxis im Wissensmanagement" von CEN und hier im Speziellen auf Teil 3 „Wissensmanagement-Einführung in KMUs". Dieser Teil stützt sich auf neueste Richtlinien für „Good practice", Lernerfahrungen, Berichte und Erfahrungen mit Problemlösungen und beinhaltet Beiträge von Vertretern kleiner und mittelständischer Unternehmen.

Auf dieser Basis ist ein *Projektmanagement-Schema* entstanden, das die erfolgreiche Implementierung von Wissensmanagement unterstützt. Dieses Schema besteht aus verständlichen Schritten und stellt einen umsetzbaren Wegweiser für die Einführung von Wissensmanagement in klein- und mittelständischen Unternehmen dar. Damit sollte das Ziel erreicht werden, dass Wissensmanagement zu einem ganz normalen Teil der täglichen Arbeit im gesamten Unternehmen wird.

3.1 Projektschritte nach CEN

Das Projektmanagement-Schema für die Einführung von Wissensmanagement basiert auf fünf aufeinanderfolgenden Schritten, die sich in ihrer Durchführung und Wirkung gegenseitig beeinflussen.

Begleitend zur Umsetzung der fünf Projektphasen sollten auch entsprechende Maßnahmen initiiert werden, um einen Change-Prozess in Gang zu bringen. Ziel muss es hierbei sein, die für Veränderungen notwendige Offenheit zu erzeugen, Vertrauen aufzubauen und die unterschiedlichen Erwartungen zielorientiert aufeinander abzustimmen.

Begleitend ist weiters für alle Beteiligten auch das Training in den neuen unterstützenden Technologien und Methoden im WM-Implementierungsprojekt vorzusehen.

Allgemein ist noch zu überprüfen, ob die Rollenbilder in der Organisation den Anforderungen der neuen Funktionen entsprechen; gegebenenfalls sind diese anzupassen oder sogar gänzlich neue Funktionen, wie Wissensmanager, einzurichten.

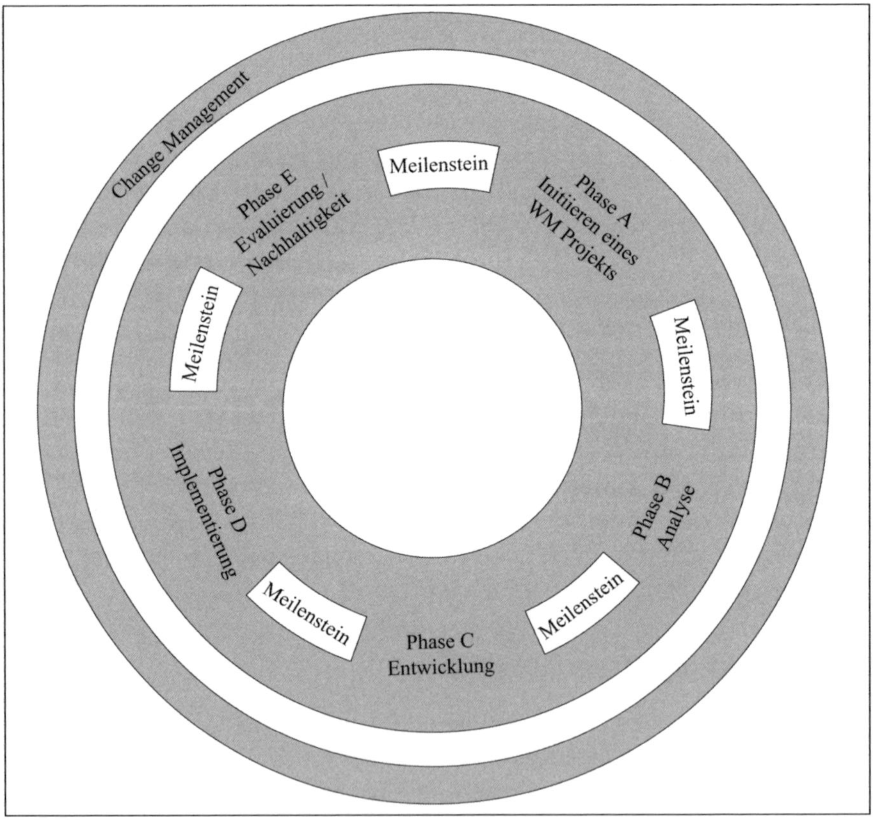

Projektmanagement-Schema für die WM-Implementierung nach CEN

Das Modell nach CEN hat folgende fünf Phasen:

- Initiieren eines Wissensmanagement-Projekts
- Analyse des Ist-Standes
- Entwicklung der notwendigen Maßnahmen
- Implementierung
- Evaluierung/Nachhaltigkeit

Phase A: Initiieren eines WM-Projekts

In der ersten Phase sollten Vision, Strategie, Gesamtziele und Absichten der WM-Initiative festgelegt und konkrete Ziele formuliert werden. Diese Aufgabe ist ein sich wiederholender Prozess, in dem die definierten Ziele und Strategien hinsichtlich der Markterfordernisse und der Gesamtstrategie des Unternehmens konstant überprüft werden.

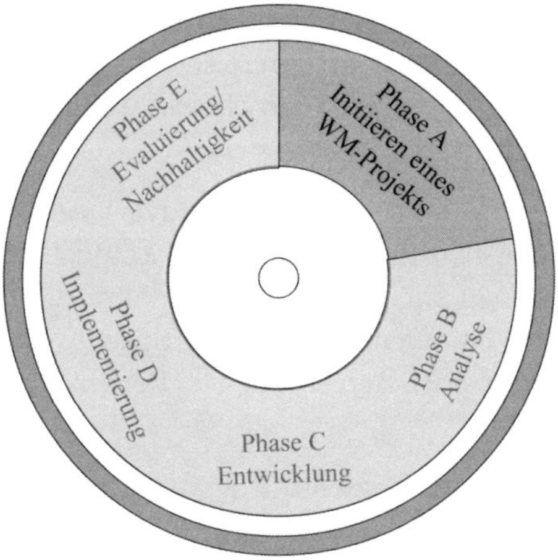

Phase A: Initiieren eines WM-Projekts

Die Vision für das Wissensmanagement sollte leicht verständlich und vermittelbar sein und Antworten auf folgende Fragen geben:

- Welches Wissen ist wichtig für unser Geschäft?
- Warum ist dieses Wissen wichtig für uns?
- Wie wollen wir dieses Wissen in Zukunft weiterentwickeln und damit umgehen, um unseren geschäftlichen Erfolg zu verbessern?

Für die Erarbeitung dieser Fragen sollten die Mitarbeiter eingebunden werden, damit deren Wissen und Bedürfnisse in den Strategieprozess einfließen können.

Ein möglicher und sinnvoller Ansatz im Fall einer ersten WM-Initiative ist es, für das Projekt einen Geschäftsprozess auszuwählen, der durch WM unterstützt werden soll. Besonders geeignet hierfür ist ein Prozess im Kerngeschäft, bei dem sich im Rahmen von Kennzahlen Prozessverbesserungen darstellen lassen. Supportprozesse (wie Personalmanagement, IT) sollten eher erst beim Roll-Out nach ersten Erfahrungen mit Wissensmanagement in den Kernprozessen bearbeitet werden.

In dieser Phase muss ein geeignetes Projektteam ernannt werden. Dieses zeichnet sich dadurch aus, dass die Prozess-Eigner auch das WM-Projekt leiten. Dadurch ist ein unmittelbares Interesse an der Nutzung des Verbesserungspotenzials gegeben.

Es können auch mehrere Projektteams parallel tätig werden. Dann muss allerdings eine zusätzliche Projektsteuerung eingerichtet werden, die einen Informationsaustausch zwischen den Teams unterstützt und Synergieeffekte nutzbar macht.

Einen kritischen Erfolgsfaktor stellt die aktive Unterstützung durch das Top-Management dar. Aus diesem Grund ist es ideal, wenn zumindest ein Mitglied des Top-Managements als Projekteigner unmittelbar in das WM-Projekt eingebunden ist. Weiters ist es hilfreich, wenn das Projektteam von Experten aus Support-Bereichen wie Personal und IT unterstützt wird.

Nach Abschluss der Phase A sollten folgende Ergebnisse vorliegen:

- Mission, Vision und Strategie für Wissensmanagement sind definiert und mit der Gesamtstrategie des Unternehmens abgestimmt.
- Die Prozesse und ihr jeweiliges Schlüsselwissen sind identifiziert und erfasst.
- Gesamt- und Detailziele des WM-Projekts sind festgelegt.
- Das Projektteam ist zusammengestellt und untersteht einem unterstützenden Projekteigner aus dem Top-Management.

Phase B: Analyse

In dieser Phase sollen die gegenwärtigen Wissensbestände und -flüsse erhoben werden.

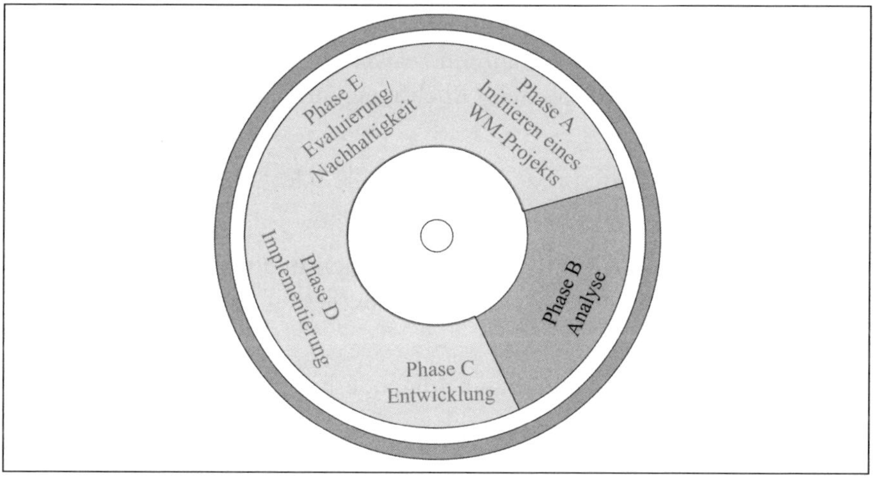

Phase B: Analyse

In Unternehmen werden bereits viele Instrumente und Methoden eingesetzt, die auch für das Wissensmanagement verwendbar wären. Meist fehlt es aber an einer organisierten Nutzung.

Viele Unternehmen haben wenig Erfahrung und auch nicht die erforderlichen Methoden, um ihre WM-Aktivitäten richtig einschätzen zu können.

Für die Analyse gibt es verschiedene Instrumente. Beispielhaft wird der Analyse-Ansatz nach dem **Fraunhofer WM-Audit (FWMA)** dargestellt.

Die FWMA-Methode stellt einen mittleren Aufwand für Unternehmen dar und verbindet qualitative mit quantitativen Methoden.

Folgende Ziele sollen durch das WM-Audit erreicht werden:

- Aufdecken von Stärken und Schwächen des gegenwärtigen Umgangs mit Unternehmenswissen.
- Analyse der Rahmenbedingungen, Barrieren und förderlichen Faktoren für Wissensmanagement.

- Steigerung der Aufmerksamkeit für WM in der Organisation. Dies kann durch eine gemeinsame Kick-off-Veranstaltung mit der Firmenleitung erreicht werden.
- Entwurf eines Wegweisers (Roadmap) für künftige WM Maßnahmen.
- Sammeln von messbaren (Ist-)Daten zur Überprüfung der Fortschritte durch das WM. Dazu gehören relevante Größen des ausgewählten Prozesses wie Durchlaufzeit, Rückfragehäufigkeit, Fehlerquote, Termintreue u. Ä.

Auf Basis der Geschäftsprozesse werden alle relevanten Typen von Wissen, der Bedarf und die Verfügbarkeit erhoben.

Im Rahmen des Audits werden alle allgemeinen Bedingungen für das Wissensmanagement identifiziert, sowohl förderliche Faktoren als auch Barrieren.

Mit Abschluss von Phase B sollten folgende Punkte erledigt sein:

- Auswahl eines passenden Analysetools
- Durchführung des Audits mit dem gewählten Analysetool

Phase C: Entwicklung

In dieser Phase sollen die Erfordernisse bestimmt und alternative Lösungen beurteilt werden.

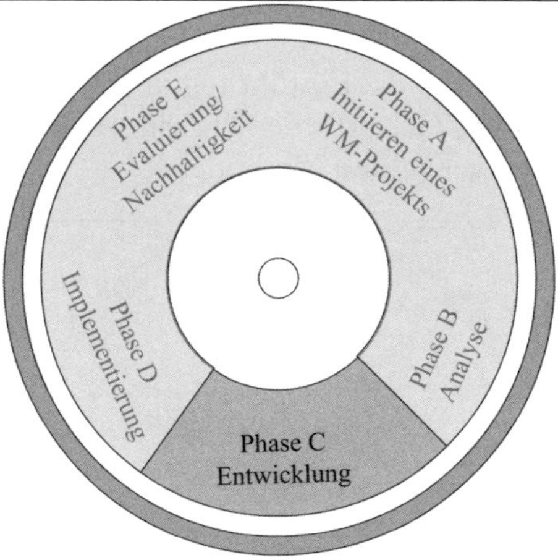

Phase C: Entwicklung

In dieser Phase werden die wichtigsten Bausteine der WM-Lösung identifiziert, geplant, beschrieben und für die schrittweise Implementierung vorbereitet. Je nach Auswahl des Analysetools in Phase B kann es hier zu einer Verbindung der beiden Projektphasen kommen, da einige Analysetools mehr umfassen als bloß die Erhebung des gegenwärtigen Standes von WM (auch das in Phase B erwähnte Fraunhofer WM-Audit reicht mit seinen Fragestellungen in Phase C hinein).

In dieser Phase gilt es also zu definieren, wie die künftige WM-Lösung aussehen soll und welche Methoden und Werkzeuge eingesetzt werden. Folgende Fragen sollten dabei beantwortet werden:

- Existieren bereits Werkzeuge, die angepasst oder weiterentwickelt werden können?
- Was können wir von externen Anbietern bekommen bzw. zukaufen?
- Gibt es alternative Lösungen oder Werkzeuge?
- Wollen bzw. brauchen wir externe Unterstützung?
- Was sind die diesbezüglichen Kosten- und Nutzenerwartungen?

Phase D: Implementierung

In der vierten Phase erfolgt die Einführung der WM-Lösung in die Organisation. Weiters erfolgt, falls erforderlich, ein Training der Anwender in der Nutzung der Werkzeuge und Methoden.

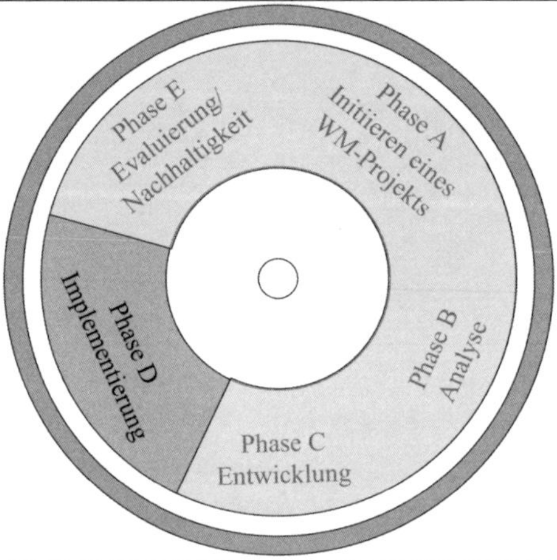

Phase D: Implementierung

Eigentlich beginnt die Implementierung bereits mit der Feststellung, dass es einen Bedarf an WM gibt.

Menschen, Zeit und Budget sind die wichtigsten zu berücksichtigenden Faktoren.

Im Implementierungsprozess werden verschiedene Stufen durchlaufen. Diese können folgendermaßen zusammengefasst werden:

Aktion 1: Die Analyseergebnisse hinsichtlich der Bereitschaft zu WM werden hier miteinbezogen. Daraus werden die erforderlichen Konsequenzen für die Implementierung abgeleitet.

Aktion 2: In diesem Schritt erfolgt der Entwurf eines internen Kommunikationsplans, inklusive der Identifikation der Barrieren und Erfolgsfaktoren für den Implementierungsprozess.

Aktion 3: Die Definition der Rollenbilder und der damit verbundenen Verantwortlichkeiten stellt den dritten Abschnitt dar.

Aktion 4: Die Erstellung des Aktionsplans ist der wesentliche Inhalt dieses Schrittes. Dieser umfasst die Definition der Phasen, Maßnahmenpakete und die damit verbundenen Kosten etc.

Aktion 5: Nachdem Normen, Verfahren und Abläufe für eine effektive Nutzung des WM-Systems analysiert wurden, gilt es nun, eine Entscheidung zu treffen, welches Tool am besten geeignet ist, Entscheidungs- und Kommunikationsprozesse innerhalb der Organisation zu unterstützen.

Aktion 6: Eine der wichtigsten Aufgaben besteht darin, zum Lernen und Training innerhalb der Organisation zu ermuntern und die Lernbereitschaft zu stimulieren. Dabei ist zu beachten, dass nicht alle Mitarbeiter in der Lage sind, dies ohne Unterstützung zu tun. Deshalb ist es sinnvoll, gezielt entsprechende Fähigkeiten und Fertigkeiten für den Erwerb, die Weitergabe und die Anwendung von Wissen zu vermitteln.

Aktion 7: Idealerweise sollte in diesem Schritt ein Pilotprojekt durchgeführt werden, bevor eine Lösung innerhalb der Gesamtorganisation umgesetzt wird. Dadurch können mögliche Schwierigkeiten bei der Implementierung in der Gesamtorganisation schon vorweg erkannt werden. Diese Phase sollte unbedingt Feedback-Prozesse beinhalten.

Mit Abschluss der Phase D sollte ein Pilotprojekt mit einer genauen Zeitplanung durchgeführt worden sein, in dem durch Feedback über Projektfortschritte und Erkenntnisse noch Nachjustierungen für die Umsetzung im Gesamtunternehmen vorgenommen werden.

Phase E: Evaluierung/Nachhaltigkeit

In der abschließenden Phase erfolgen die Evaluierung des Projekts und ein Messen der erreichten Ergebnisse.

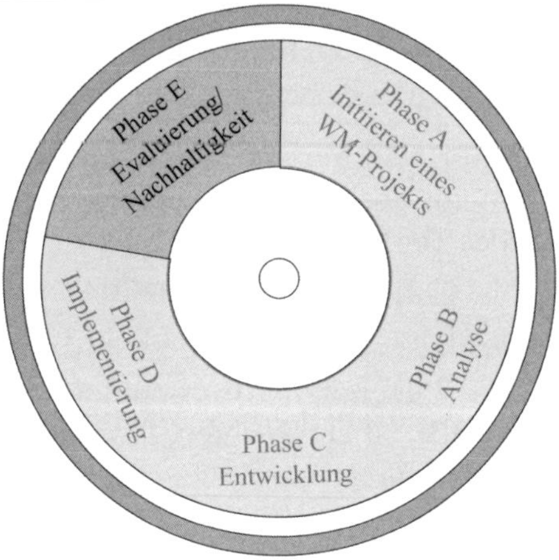

Phase E: Evaluierung/Nachhaltigkeit

Wenn sich die Durchführung des Projekts als erfolgreich erweist, können die Ergebnisse und Erkenntnisse schrittweise in die Routinen der Gesamtorganisation eingeführt werden. Sollte das Pilotprojekt nicht erfolgreich verlaufen sein, so können mögliche Anpassungen, ein Projekt Redesign oder eventuell auch die Aufgabe der Idee in Betracht gezogen werden.

Die folgenden Ausprägungen können Indikatoren für einen Erfolg von WM-Projekten sein:

- Wenn ein Zuwachs von Wissensinhalten und deren Verwendung stattgefunden hat.
- Wenn die Wahrscheinlichkeit gestiegen ist, dass das Projekt nicht nur eine Angelegenheit einiger weniger Personen bleibt, sondern zu einem Anliegen der gesamten Organisation wird.
- Wenn die gesamte Organisation die Konzepte *Wissen* und *Wissensmanagement* verstanden und positiv angenommen hat.
- Wenn gewisse Anzeichen eines finanziellen Ertrags nachweisbar sind, sei es für die WM-Aktivitäten selbst oder für die Gesamtorganisation.

Diese Empfehlungen betreffen vor allem qualitative Aspekte, weil eine eindeutige Zuordnung eines Einzelprojekts mit finanziellen Kennzahlen

(z. B. ROI) meist nicht herzustellen ist (siehe auch Kapitel „Begleitende Maßnahmen, Messverfahren und Messwerkzeuge“).

Sinnvoll ist in dieser Phase ein Einsatz der WM-Methode Lessons Learned. Mit dieser werden systematisch alle durchlaufenen Projektphasen durch eine gezielte Befragung beurteilt. Die gemachten Erfahrungen sollten aktiv an andere Projektteams weitergegeben werden. Der Grad der Offenheit bei der Weitergabe der gemachten Erfahrungen hängt wesentlich von der vorherrschenden Fehlerkultur im Unternehmen ab.

Mit Abschluss der Phase E sollten folgende Ergebnisse erreicht werden:

- Das WM-Projekt wurde sorgfältig ausgewertet.
- Wenn das Projekt erfolgreich verlaufen ist, sollten die angewendeten Methoden innerhalb der gesamten Organisation eingeführt und Teil der Arbeit jedes einzelnen Mitarbeiters sein.
- Wenn das Projekt ein Fehlschlag war, müssen die Gründe dafür untersucht werden. Es muss entschieden werden, ob das Projekt nach entsprechender Adaption neu gestartet oder aufgegeben werden soll.

3.2 Kritische Erfolgsfaktoren bei der Implementierung

Es gibt verschiedene Faktoren, die den Erfolg der Implementierung von Wissensmanagement stark beeinflussen können.

Eine Grundvoraussetzung für eine erfolgreiche Implementierung ist die Transparenz von Informationsprozessen. Daher ist es hilfreich, einen Kommunikationsplan zu erstellen. Dieser beinhaltet, welche Information welche entsprechende Zielgruppe (Mitarbeiter, Unternehmensführung, Betriebsrat, mittleres Management etc.) zu welchem Zeitpunkt und in welcher Form erreichen soll.

Oftmals gibt es auch Lücken im Informationsprozess. Der dadurch entstehende Kommunikationsmangel verhindert, dass Inhalte – sei es Erfahrung, Wissen oder Information – ihren Zielpunkt erreichen.

Im Rahmen der WM-Initiative müssen mögliche Barrieren und förderliche Faktoren aufgezeigt werden. Letztere müssen genutzt werden, während für mögliche Hindernisse Lösungsmöglichkeiten zu suchen sind.

Beispiele für unterstützende Faktoren:

- Unterstützung durch die Unternehmensführung
- Verfügbarkeit eines ausreichenden IT-Standards
- Organisatorische Bedingungen, die Teamarbeit ermöglichen

Beispiele für behindernde Faktoren:

- Misstrauen gegenüber neuen Projekten
- Eine Organisationskultur, in der das Teilen von Wissen nicht üblich ist
- Anreizsysteme, die WM-schädliches Verhalten nicht sanktionieren

Weiters können rechtliche und finanzielle Faktoren erfolgsrelevant sein.

3.3 Ergänzung des Modells: Ent-lernen

Viele Modelle beinhalten Erfassung, Beschreibung, Verwaltung und Nutzbarmachung von Wissen. Dadurch kommt es in vielen Fällen zur Anlage von riesigen Lagern, in denen Daten und Informationen aufbewahrt werden.

Die Erfahrung hat jedoch gezeigt, dass Lagerhäuser einen unwirtschaftlichen Kostenfaktor darstellen. Daher besteht für „Wissensmanagement-Datenbanken" der Anspruch, dass möglichst nur Inhalte aufbewahrt werden, die auch einen Nutzwert für den Anwender beinhalten.

In diesem Zusammenhang ist ein wesentlicher Faktor des Wissensmanagements das *Entlernen*. Die gemeinsame Wissensbasis soll von nutzlos gewordenem Wissen befreit werden, um den betrieblichen Leistungserstellungsprozess ohne Hindernis zu unterstützen.

Zusammenfassung

- Implementierung von Wissensmanagement in Unternehmen erfolgt meist in Projektform.
- Dieses Projekt kann zunächst auf nur einen Kernprozess beschränkt sein und dann in Form eines „Roll-Out" auf die restlichen Prozesse übertragen werden.
- Wesentlich für den Erfolg ist der Grad der Akzeptanz für Wissensmanagement durchgängig durch alle Unternehmensbereiche und eine Ausrichtung nach den Kernprozessen des Unternehmens.
- Durch die längere zeitliche Dauer einer unternehmensweiten Wissensmanagement-Implementierung ist es sinnvoll, auf dem Weg „Quick-wins" zu realisieren.
- Es sollte regelmäßig überprüft werden, ob die angewendeten Werkzeuge und Methoden sowie die Inhalte den Erfolg am Markt unterstützen.

4 Begleitende Maßnahmen

Im Kapitel „Implementierung von Wissensmanagement“ wurde ein Einführungsszenario vorgestellt. Der Erfolg dieses Einführungsszenarios hängt maßgeblich von folgenden vier Umfeldfaktoren ab:

- Messverfahren
- Anreizsysteme
- Organisationales Lernen
- Change-Management

In diesem Kapitel werden diese wesentlichen Einflussgrößen näher beschrieben und Hinweise auf die Wirkungsweisen gegeben.

4.1 Messverfahren und Messwerkzeuge

Die Messung des Erfolgs von WM-Maßnahmen ist eine komplexe Aufgabe.

Eine der größten Herausforderungen bei der Entwicklung und Nutzung von Messverfahren für Wissensmanagement ist die Definition von Ursache-Wirkungs-Zusammenhängen, auf denen aufbauend Messgrößen festgelegt werden können. Bei nahezu allen Messgrößen ist es unsicher, ob die Ergebnisse auch mit wirtschaftlich relevanten Kenngrößen in Zusammenhang stehen. Aber auch der kausale Zusammenhang zwischen angenommener Ursache und Wirkung lässt sich nur in den seltensten Fällen eindeutig nachweisen.

Das zweite Problemfeld tritt bei der Auswahl der Bewertungsgröße auf. Für eine direkte Errechnung des „Gewinns“ bzw. des finanziellen Erfolgs, resultierend aus der Durchführung von WM-Maßnahmen, wäre es notwendig, diese mit einer oder mehreren monetären Größen in Verbindung zu bringen.

Durch die spezifische Eigenschaft von Wissen ergibt sich das dritte Problemfeld. Dieses beschreiben Bornemann und Leitner wie folgt:

Wissen als Input in einen Prozess kann beliebig oft verwendet werden, ohne dass es sich verbraucht. Im Gegensatz dazu kann beispielsweise

Rohöl oder Gas nur einmal verbrannt oder für andere chemische Prozesse genutzt werden. Diese Eigenschaft erschwert die Bewertung immaterieller Vermögensgegenstände: Da Wissen jederzeit entstehen, aber auch (etwa durch Vergessen) verschwinden kann, ist die Bewertung mit großer Unsicherheit behaftet und besonders stark von unterschiedlichen Umfeldfaktoren und der Entwicklung anderer immaterieller Vermögensbestände abhängig.

In dieser Beschreibung wird der Begriff *immaterielle Vermögensgegenstände* verwendet. Diese immateriellen Vermögensbestände, im Englischen *Intangible Assets* genannt, umfassen sowohl Wissen als auch andere Vermögenswerte wie Patente oder Schürfrechte. Mit dieser weiter gefassten Betrachtungsweise des Wissens soll durch die Trennung in materielle und immaterielle Werte eine ganzheitliche Darstellung der Unternehmenswerte ermöglicht werden.

Die Bewertung der Intangible Assets kann prinzipiell monetär oder nichtmonetär erfolgen.

Monetäre Bewertungsverfahren

- **Kostenansatz** (Bewertung der immateriellen Werte nach deren Erstellungs- und Reproduktionskosten)
- **Marktansatz** (nach Marktpreisen)
- **Einkommensansatz** (Schätzung und Diskontierung der künftigen Erträge, die auf den immateriellen Werten basieren)
- **Real Optionen** (in Geld bewertete strategische Alternativen zu einer Investition in Intangible Assets)
- **Direct Intellectual Capital Methode** (DIC)
- **Bilanzwertmethode** (Differenz zwischen Bilanzwert des Unternehmens und dem Aktienwert)

Grundsätzlich ist festzustellen, dass finanzielle bzw. monetäre Ansätze bislang nicht ausgereift genug sind, um den Ansprüchen der Erfolgsmessung im Wissensmanagement zu genügen.

Nichtmonetäre Bewertungsverfahren

Diese Verfahren versuchen, die immateriellen Vermögensgegenstände mit Hilfe von Indikatoren zu bewerten. Zu den nichtmonetären Bewertungsverfahren gehören unter anderem:

- Balanced Scorecard (nach Kaplan/Norton)
- Intangible Assets Monitor (von Karl Erik Sveiby)
- Skandia Navigator (bei schwedischem Versicherungskonzern nach Leif Edvinsson)
- Wissensbilanzmodell (nach Austrian Research Center Seibersdorf)
- Danish Guideline

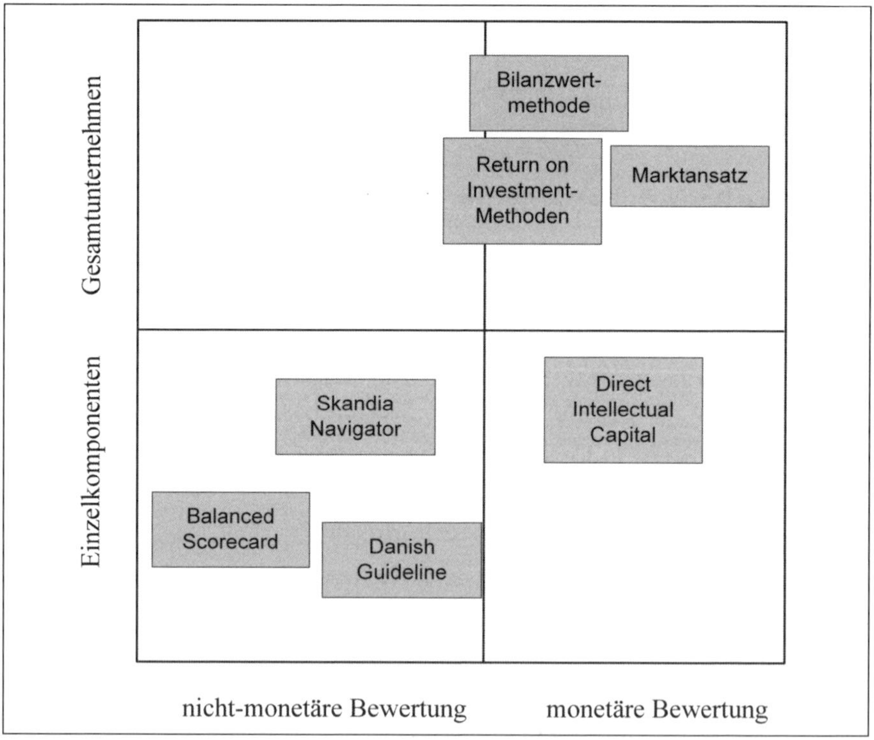

Beispielhafte Klassifizierung verschiedener Messmethoden

Zur Bewertung wird bei den Modellen von Sveiby, Edvinsson und Kaplan/Norton eine strukturierte Aufteilung von Erfolgsindikatoren in verschiedene Kategorien vorgenommen. Innerhalb dieser Kategorien werden branchen- und unternehmensspezifische Indikatoren zur Abbildung der immateriellen Vermögensbestände gebildet. Bei der Strukturierung werden z. B. Humankapital, Strukturkapital, Kundenkapital und Innovationskapital unterschieden.

Mit den gewählten Größen sollten alle fünf Dimensionen der Wertschöpfung durch Wissensmanagement abgedeckt werden. Diese sind Finanzen, Innovation, Prozesse, Kunden und Mensch (Mitarbeiter).

Bei der Gestaltung eines Wissensbilanzierungssystems gilt es, möglichst aussagekräftige Indikatoren zu finden, die eine zielgerichtete Steuerung der weiteren Aktivitäten ermöglichen. Da der Erhebungsaufwand für diese Indikatoren nicht zu unterschätzen ist, sollte die Nutzung bereits im Unternehmen bestehender Messsysteme überprüft werden. Diese bieten die Vorteile, dass sie zum einen schon akzeptierte Praxis im Unternehmen sind und es zum anderen sehr wahrscheinlich ist, dass damit Dinge gemessen werden, die für die Organisation wichtig sind.

Typische Indikatoren für die Messung immateriellen Vermögens sind:

- Das Teilen und die Verwendung von *Best practices*
  - Wie viele Beiträge wurden verfasst?
  - Wie oft wurden diese verwendet?
  - Wie viel Entwicklungszeit wurde dadurch gespart?
- Zahl der Patente
- Zahl der Wissensgeschichten
- Anzahl der Einladungen zu Vorträgen
- Zahl der Publikationen in der einschlägigen Literatur
- Einsparungen durch die Wiederverwendung von Wissen
- Zufriedenheit der Anwender von Wissen
- Anzahl der Mitarbeiter, die neue Ideen einbringen
- Zahl der Personen, die in Praxisgemeinschaften (*Communities of Practice*) aktiv sind

Wenn finanzielle Kennzahlen im Rahmen eines WM-Messsystems erfasst werden sollen, ist zu berücksichtigen, dass die Messgrößen in der Regel von vielen anderen Faktoren beeinflusst werden. Dadurch wird die eindeutige Zuordnung der Auswirkung von WM-Aktivitäten zu monetären Größen erschwert. Zu den bisher beschriebenen Schwierigkeiten kommt die mögliche zeitliche Entkoppelung zwischen WM-Initiative und auftretenden Resultaten. Zeitliche Verzögerungen können sowohl bei der Beobachtung von Ursache-Wirkungs-Zusammenhängen als auch durch den Zeitraum, der verstreicht, bis der Erfolg sich in den finanziellen Kennzahlen widerspiegelt, auftreten.

Durch die verstärkte Kundenorientierung in den Unternehmen ist auch eine *indirekte Erfolgsmessung* am Geschäftsprozess vorstellbar. Diese basiert auf der Grundüberlegung, dass Wissensmanagement letztlich auf den Kundennutzen zielt.

Ein weiterer Ansatz aus der Praxis ist die Teilkalkulation der wirklich messbaren Effekte, aus welchen auf den Gesamteffekt geschlossen wird. Beispiele für diese Effekte sind Kostenvermeidung, höhere Effizienz in überschaubaren Bereichen, Prozessverkürzungen und erhöhte Kundenzufriedenheit. Dazu sollte vor und nach der WM-Initiative eine Auswertung mit Hilfe einer passenden Scorecard durchgeführt werden, die nicht unbedingt den formalen Anforderungen einer Balanced Scorecard nach Kaplan/Norton entsprechen muss.

Besonderes Augenmerk bei der Konzeption des Messsystems verdient auch die Frage, ob mit den ausgewählten Indikatoren ein Erreichen der definierten Ziele im Wissensmanagement überprüft werden kann.

Zusammenfassung

- Wissensmanagement und daraus folgende Auswirkungen zu messen, gestaltet sich schwierig.
- Die Instrumente werden in monetäre und nichtmonetäre Verfahren untergliedert.
- Die Zuordnung von Effekten von WM oder einzelnen WM-Aktivitäten sowie deren Bewertung mit monetären Größen ist meist nicht oder nur schwer möglich.
- Oftmals ist es sinnvoll, den Erfolg indirekt über eine Verbesserung der Geschäftsprozesse und deren Kenngrößen wie Durchlaufzeit, Fehlerquote usw. zu messen.
- Es ist zu hinterfragen, ob eine Zuordnung des Erfolgs beim Kunden zu einzelnen eingesetzten Managementmethoden einen Mehrwert für das Unternehmen bringt.

4.2 Anreizsysteme

Ein wesentlicher Erfolgsfaktor bei der Implementierung von Wissensmanagement ist die Schaffung einer wissensfreundlichen Unternehmenskultur. Anreizsysteme, die ein entsprechendes Verhalten der Mitarbeiter belohnen, unterstützen eine solche Kultur.

Für jene Mitarbeiter, die bereit sind, sowohl ihr eigenes Wissen an andere weiterzugeben als auch auf das Wissen anderer zurückzugreifen und dieses anzuwenden, gilt es, positive Anreize zu schaffen. Dies kann erreicht werden, indem solche Mitarbeiter möglichst für alle sichtbar belohnt werden. Gleichzeitig sollten Verhaltensweisen, die auf der Einstellung „Wissen ist Macht“ basieren, mit Hilfe negativer Anreize sanktioniert werden.

Durch entsprechend abgestimmte Anreizsysteme kann bewiesen werden, dass die „Kultur des Wissens“ nicht nur eine Floskel ist, die von der Unternehmensführung in diversen Reden mit schönen Worten beschworen wird, sondern dass diese Wissenskultur auch tatsächlich gewünscht, gelebt und konformes Verhalten belohnt wird.

Voraussetzung für jedes Anreizsystem ist die Messbarmachung der Beiträge aller Mitarbeiter zu den Wissenszielen des Unternehmens. Außerdem sollte Transparenz darüber geschaffen werden, welche Verhaltensweisen von den Mitarbeitern erwartet und wie diese gemessen werden. Dazu eignen sich Zielvereinbarungen, die im Rahmen von Mitarbeitergesprächen festgelegt werden. Individuelle Wissensziele sollten ein fixer Bestandteil solcher Zielvereinbarungen sein. Wie diese dabei gewichtet werden, gibt einen deutlichen Hinweis auf die Bedeutung, die dem Thema Wissensmanagement im Unternehmen eingeräumt wird.

Um widersprüchliche Zielsetzungen zu vermeiden, müssen die Wissensziele und Ergebnisgrößen, an denen die Zielerreichung konkret gemessen wird, von den Gesamtzielen des Unternehmens abgeleitet werden. Die im Unternehmen eingesetzten WM-Werkzeuge sollten ebenfalls berücksichtigt werden. Beispiel: Werden im Rahmen von WM-Maßnahmen Mikroartikel als Tool eingesetzt, so kann der Beitrag bzw. Einsatz der Mitarbeiter an der Anzahl der Beiträge, die geschrieben und in weiterer Folge auch von anderen angefragt wurden, gemessen werden. Möchte das Unternehmen die Bildung von Communities of Practice fördern, so sollte es jene Mitarbeiter belohnen, die sich in solchen Communities aktiv einbringen.

Wichtig ist auch, dass die belohnten Beiträge der Mitarbeiter einem vorgegebenen Qualitätsstandard entsprechen und tatsächlich zum Geschäftserfolg beitragen.

Ebenfalls bedacht werden muss, dass nicht jeder Mitarbeiter auf die gleichen Anreize anspricht: Manche lassen sich in erster Linie von finanziellen Zugewinnen motivieren, während andere eher auf Prestigesteigerung oder Karrieremöglichkeiten ansprechen. Dies hängt von den persönlichen Bedürfnissen und Gegebenheiten des jeweiligen Mitarbeiters ab. Die Jungakademikerin, frisch von der Universität, die eine rasche Karriere anstrebt, sollte idealerweise anders belohnt werden als die Mutter, die Kind und Beruf unter einen Hut bringen möchte.

Prinzipiell lassen sich zwei Arten von Anreizsystemen unterscheiden:

Monetäre Anreizsysteme

Monetäre Anreizsysteme sind solche, in denen sich die Belohnung in einem höheren Entgelt niederschlägt.

- **Prämiensystem**

  Die Erreichung von Wissenszielen wird durch die Auszahlung einer speziellen Prämie in Abhängigkeit von der Zielerreichung zusätzlich zum Grundgehalt belohnt.

- **Entgelterhöhung**

  Die Genehmigung einer Entgelterhöhung wird vom Erreichen der individuellen Wissensziele (z. B. Zusatzqualifikation) abhängig gemacht.

Nichtmonetäre Anreizsysteme

Nichtmonetäre Anreizsysteme setzen auf soziale Motivatoren wie Prestige, Status und Karriere.

- **Verleihung von Preisen**

  Mitarbeiter, die besonders viel zu den Wissenszielen des Unternehmens beitragen, werden durch die Verleihung eines Preises gewürdigt. Diese Würdigung sollte möglichst sichtbar erfolgen, zum Beispiel im Rahmen eines Events oder am Titelblatt der Mitarbeiterzeitung.

- **Verbesserte Aufstiegsmöglichkeiten**

  Nur Mitarbeiter, die in der Vergangenheit zur Erreichung der Wissensziele beigetragen haben, werden bei Personalentscheidungen berücksichtigt.

- **Aufwertung der Position**

  Die Zielerreichung wird mit der Übertragung von Kompetenzen und Verantwortung oder anspruchsvolleren Tätigkeiten belohnt.

- **Bonuspunkte**

  Es werden Bonuspunkte verteilt, die gegen verschiedene Prämien, wie Seminare, spezielle Mitarbeiterevents oder zusätzliche Urlaubstage, eingetauscht werden können.

Da die Mitarbeiter auf verschiedene Anreize unterschiedlich reagieren, hat sich die Kombination von monetären und nichtmonetären Anreizsystemen (z. B. im Rahmen eines Cafeteria-Systems) bewährt. Existieren bereits Anreizsysteme im Unternehmen, so sollte die Belohnung für die Erreichung von Wissenszielen in diese integriert werden. Die Implementierung eines zweiten, eigenständigen Anreizsystems wäre kontraproduktiv.

Zusammenfassung

- Anreizsysteme können die Schaffung einer „Kultur des Wissens“ unterstützen.
- Sie müssen auf die Unternehmensziele und die konkret eingeführten Wissensmanagement-Werkzeuge abgestimmt werden.
- Monetäre Anreizsysteme bauen auf finanzieller Belohnung auf, nichtmonetäre auf sozialen Faktoren.

4.3 Organisationales Lernen

Unter organisationalem Lernen versteht man einen ganzheitlichen Lernprozess. Angestrebter Zustand ist, dass Mitarbeiter ihre Erfahrungen freiwillig an jene weitergeben, die von diesem Wissen profitieren können. Organisationales Lernen bildet damit die Basis für erfolgreiche Wissensmanagement-Projekte. Für ein besseres Verständnis von organisationalem Lernen ist die Auseinandersetzung mit dem Thema *Lernbereitschaft* notwendig.

Lernbereitschaft als Grundlage für Unternehmensentwicklung

Lernen und noch mehr die Bereitschaft, lernen zu wollen, stellt einen wesentlichen Baustein für die Weiterentwicklung von Organisationen dar. In modernen Unternehmen sind Ausbildungsmaßnahmen meist der Schlüssel zur Veränderung in Richtung einer Lernenden Organisation. In der Regel wird die Weiterbildung nicht nur Führungskräften angeboten, sondern allen Betroffenen. Nur wenn die Beteiligten im Unternehmen bereit sind, sich zu verändern, und wenn die Basis für Lernen geschaffen wird, können die notwendigen Veränderungen stattfinden. Sinnvollerweise wird nicht eine Fülle von Seminaren für die gesamte Belegschaft organisiert, sondern vielmehr gezielte Weiterbildung für bestimmte Mitarbeiter. Es ist offensichtlich, dass nachhaltige Veränderungen in Unternehmen nur durch Entwicklungen neuer Handlungskompetenzen erzielt werden können. Daher ist es notwendig, den Lernenden das richtige Umfeld für ganzheitliches und selbstgesteuertes Lernen zu schaffen. Sie müssen sich über ihre Fähigkeiten und ihre Orientierung klar werden und sich auf Basis dieser Erkenntnisse auf ihr künftiges kognitives, psychomotorisches, emotionales und soziales Lernen konzentrieren. Unter selbstgesteuertem Lernen versteht man die systematische Weiterentwicklung auf Basis persönlicher Motivation. Ganzheitliches Lernen ist in diesem Zusammenhang in Bezug auf die Vergangenheit und Zukunft der Lernentwicklung der jeweiligen Person zu betrachten.

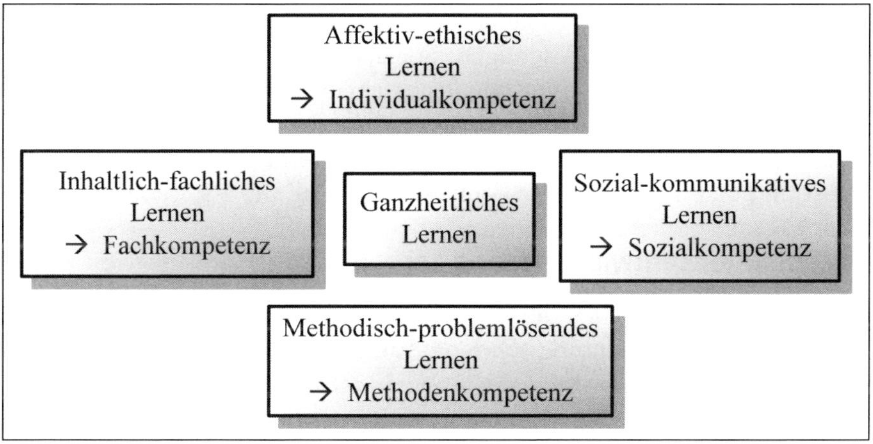

Dimensionen ganzheitlichen Lernens

Die Darstellung beschreibt die einzelnen Ebenen ganzheitlichen Lernens.

- **Inhaltlich-fachliches Lernen**: bezieht sich auf die Entwicklung von Fachkompetenz in Form von erkenntnisbezogenen Fähigkeiten.
- **Methodisch-problemlösendes Lernen**: bezieht sich auf die Aneignung von Lern- und Arbeitstechniken und damit von Methodenkompetenz.
- **Sozial-kommunikatives Lernen**: schließt die Erlernung von Kooperations- und Kommunikationsfähigkeiten ein und damit die Sozialkompetenz.
- **Affektiv-ethisches Lernen**: konzentriert sich geht auf den Umgang mit der eigenen Selbstreflexion, Kritikfähigkeit und Eigenverantwortlichkeit.

Im Umfeld beruflichen Lernens gibt es die interessante Erkenntnis, dass während der ersten drei Monate in einer neuen Tätigkeit nur sehr wenig gelernt wird, obwohl vom neuen Mitarbeiter viel gefragt und Informationen gesammelt werden. In den folgenden 18 Monaten ist die höchste Lernentwicklung zu verzeichnen, die in der Folge abflacht. Nach 36 Monaten findet nahezu keine Veränderung im Wissensstand mehr statt. Dies ist vor allem im Hinblick auf den Wechsel von Personen innerhalb eines Unternehmens in neue Aufgaben oder Abteilungen oder hinsichtlich einer Kündigung zu berücksichtigen. Speziell jene Personen, die eine Veränderungs- und Entwicklungsbereitschaft haben, werden dann, wenn sie für sich selbst keinen Wissenszuwachs mehr erleben, nach neuen Herausforderungen suchen. Es geht in diesem Zusammenhang um die Person selbst und erst in späterer Folge um seine Beziehung zur Organisation.

Organisationsentwicklung und Lernen

Die Verbindung zwischen der Organisationsentwicklung und dem Lernen ist aus heutiger Betrachtung sehr eng. Ein möglicher Hintergrund liegt in der Notwendigkeit des Lernens in Veränderungsprozessen. Vorgehensmodelle im Change Management beziehen sich vielfach auf das Drei-Phasen-Modell von Kurt Lewin.

Lernen in Unternehmen kann demnach wie folgt aussehen:

- Ursprungssituation, Phase 1: Auftauen im Umfeld des Lernens, Intervention, Öffnung für Lernbereitschaft.
- Veränderung in der Phase 2: Bewegen, aus der Sicht des Lernens ist dieser Schritt das Training selbst.
- Festigen in der Phase 3: Einfrieren, Festigung neuer Handlungsaktivitäten der Akteure.

In den neunziger Jahren des 20. Jahrhunderts wurde der Begriff der *Lernenden Organisation* von Peter Senge, Chris Argyris, Donald A. Schön und einer Gruppe von Forschern am MIT in den USA geprägt. Die Überlegungen zu einer neuen Organisationsform, in der das Lernen im Mittelpunkt steht, bauen auf den Ergebnissen von Lewin und den Wegbereitern der Organisationsentwicklung auf. Bei Organisationen, die lediglich Informationen erhalten oder sich Know-how aneignen, kann man noch nicht von einer Lernenden Organisation sprechen. Die Lernende Organisation zeichnet sich dadurch aus, dass einzelne Mitarbeiter Informationen in einem gezielten bzw. unterstützten Lernprozess erwerben und innerhalb ihrer Gruppe und in der Folge in der gesamten Organisation weitergeben. Ziel dieses Vorgehens ist es, Informationen schneller zu verarbeiten und damit Aufgaben besser zu erledigen. Ein weiterer Vorteil liegt in der Zufriedenheit der Mitarbeiter, die in einer offenen Lernkultur miteinander und nicht gegeneinander arbeiten.

Das Modell von P. Senge geht von einer Gesamtheit der Organisation aus und baut auf der Weiterbildung des Einzelnen und einer systemischen Grundlage als Basis für die Entwicklung der Organisation auf.

Nachstehend eine Kurzbeschreibung der Überlegungen von Senge zu den fünf Punkten seiner Disziplin.

- **Persönlichkeitsentwicklung**: Personal Mastery geht über Kompetenz und Fachwissen hinaus und bedeutet, dass man sein Leben und das Lernen zielorientiert und kreativ ausrichtet und nicht reaktiv auf sich zukommen lässt.
- **Mentale Modelle**: Organisationales Handeln ist von zahlreichen, nicht hinterfragten Selbstverständlichkeiten und Annahmen gekennzeichnet, geht aber von einem gemeinsamen Weltbild bzw. gemeinsamen grundsätzlichen Ansichten aus.
- **Gemeinsame Visionen**: Ein gemeinsames Verständnis im Unternehmen kann immer weniger durch Anweisungen (Befehle, Vorschriften, Vorgaben, Kontrollen) sichergestellt werden; wichtiger werden gemeinsam erarbeitete Ziele und Leitbilder.
- **Teamlernen**: Der Einzelne kann immerzu lernen, ohne dass die Organisation davon profitiert. Wichtig ist der Prozess der Weitergabe gewonnener Informationen und Wissen an das gesamte Team und in der Folge an die Organisation.
- **Systemdenken**: Kurzfristige, einfache Verbesserungsmaßnahmen führen oftmals zu einer langfristigen Verschlechterung der Situation, da solche Maßnahmen vielfach mit nicht beabsichtigten Folgen und negativen Rückkoppelungseffekten einhergehen. Die Kenntnis komplexer Wechselwirkungen ist unabdingbar für die wirkungsvolle Steuerung von Organisationen.

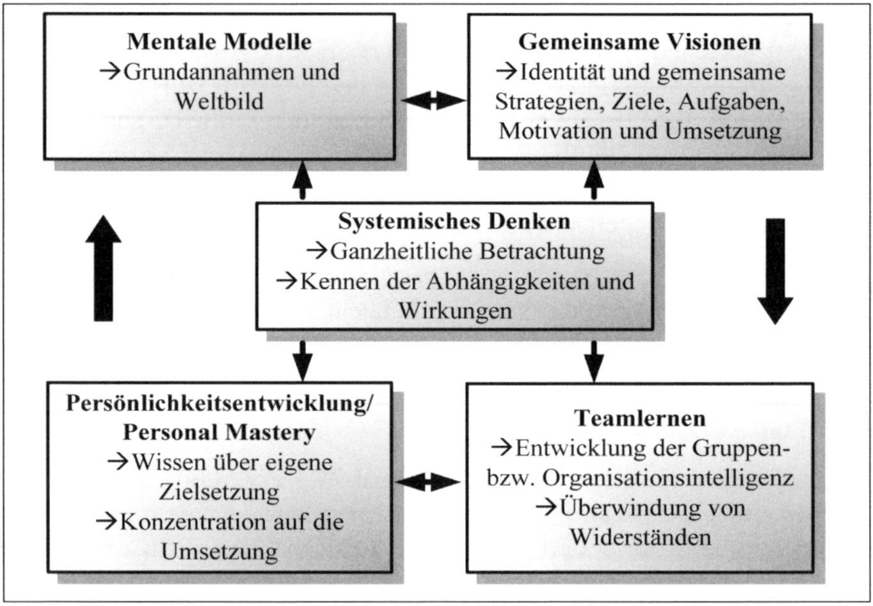

Die fünf Disziplinen nach P. Senge

Die Vorteile eines solchen, auf dem gemeinsamen Lernen basierenden Organisationsmodells liegen vor allem in folgenden Punkten:

- Steigerung der Problemlösungskompetenz einzelner Mitarbeiter und der gesamten Organisation.
- Höhere Zufriedenheit mit dem Arbeitsplatz und der Tätigkeit.
- Wertsteigerung des gesamten Humankapitals im Unternehmen.
- Verbesserung der Produktivität und Qualität im Unternehmen.
- Reduktion von Risiken in Entscheidungsprozessen durch eine breite Basis der Entwicklung.

Damit Unternehmen einen Zustand proaktiven Lernens erlangen, sind viele Hürden zu nehmen. Jede Veränderung ist geprägt von Widerständen, die vielfach durch Angst oder das Verharren in einer bekannten Umgebung bedingt sind. Um diese Widerstände aufzulösen, sind Interventionen notwendig, die vom beispielhaften Vorleben der Wissensweitergabe über den Druck durch Vorgesetzte bis hin zur Motivationsunterstützung reichen können.

Organisationales Lernen

Die Basis für organisationales Lernen ist die Weiterentwicklung des Einzelnen (individuelles Lernen) und die daraus entstehende Konsequenz auf gruppenbezogene Lernprozesse (Weitergabe von Informationen des Einzelnen an die Gruppe). Die drei Arten des Lernens sind:

- **Single loop learning** (SLL) stellt einen einfachen Regelkreis dar, der auf Basis von Wirkungskriterien die Effizienz und Qualität laufend verbessert. Dies muss jedoch unter bestehenden Normen und Standards erfolgen.
- **Double loop learning** (DLL) baut auf den Prozess des Single loop learning auf, jedoch mit dem zusätzlichen Aspekt, die Standards und Normen der Organisation gegebenenfalls an die erkannten Notwendigkeiten, die durch die Umwelt ausgelöst werden, anzupassen.
- **Deutero learning** (DL) baut auf den Ergebnissen des Double loop learning auf und berücksichtigt durch einen übergeordneten Lernprozess alle Erkenntnisse (fördernde und hemmende) aus dem SLL und dem DLL, inklusive vergangenheitsbezogener Daten. Diese kritische Betrachtung führt in der Folge zu einem gesteigerten Problemlösungspotenzial.

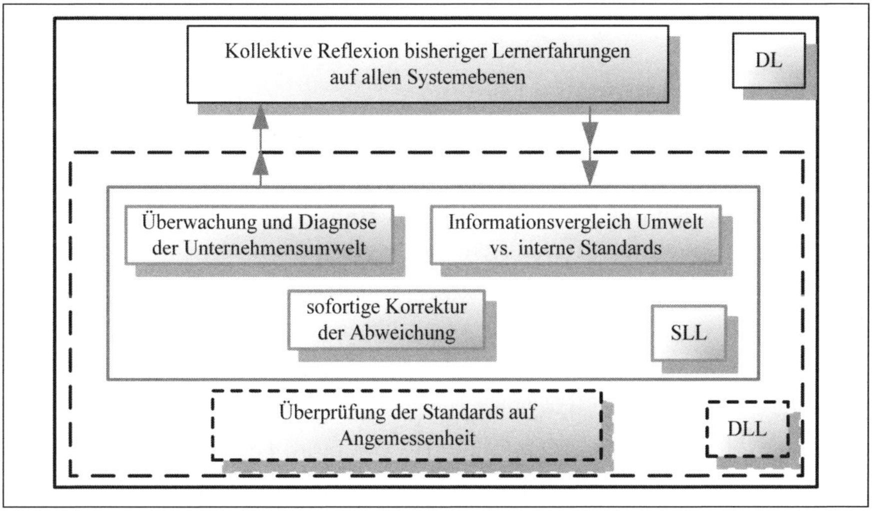

Basis für organisationales Lernen

Beim *Single loop learning* (SLL) wird die Unternehmensumwelt laufend überwacht. Es werden Informationsvergleiche durchgeführt und bei Abweichungen Korrekturen an der gewählten Problemlösungsstrategie eingeleitet. Beim *Double loop learning* (DLL) werden ergänzend zum Prozess des SLL die definierten Standards im Unternehmen laufend auf deren Angemessenheit überprüft. In der nächsten Stufe, dem *Deutero learning* (DL), erfolgt eine auf allen Unternehmensebenen durchgeführte kritische Reflexion der Lernerfahrung. Die daraus gewonnenen Erkenntnisse fließen in die Weiterentwicklung des Lernprozesses mit ein.

Neuere Arbeiten gehen noch weiter auf die Zusammenhänge und Einflüsse des Lernens ein. Es wird eine weitere Schleife, das *Triple loop learning*, beschrieben. In dieser zusätzlichen Art des Lernens geht es um die Einbeziehung von Mitarbeitern und Führungskräften, die Betrachtung des Führungsprozesses selbst, die Reflexion der Führung im Sinne von Gestaltung und Entwicklung der Organisation und die Weiterentwicklung des organisationalen Lernens. Die Ergebnisse der Reflexion sind die Basis, unter einer weiteren Einbeziehung des Umfeldes, für die Neudefinition des Lernprozesses.

Der Unternehmenswert Wissen, auf Basis des organisationalen Lernens, hat sich in den letzten Jahren als wichtiges Gut auch für externe Analysten entwickelt.

Nutzen organisationalen Lernens

Ist in einer Organisation die Bereitschaft vorhanden, Wissen und Erfahrungen an andere Kollegen weiterzugeben, kann das Unternehmen von diesem Austausch des Wissens und der Erfahrung in allen Belangen Nutzen ziehen. Durch die offene Weitergabe von Erkenntnissen ergeben sich unter anderem folgende Vorteile:

- Verbesserung der internen Kommunikation
- Mehr Verständnis für die Aufgaben von anderen
- Sicherung und Verteilung von gewonnenen Informationen aus Schulungen durch interne Weitergabe (Präsentationen)
- Weiterentwicklung der Wissensbasis für zukünftige Innovationen
- Aufbau einer fundierteren Entscheidungsgrundlage

Es hat sich in allen Organisationen gezeigt, dass die Belegschaft durch Erhöhung der offenen Lernbereitschaft zu mehr Leistung motiviert wird und sich damit die Unternehmensleistung insgesamt steigert.

Zusammenfassung

- Unter organisationalem Lernen versteht man einen ganzheitlichen Lernprozess in einem Unternehmen.
- Erfahrungen werden ausgetauscht und von Mitarbeitern freiwillig an jene weitergegeben, die von diesem Wissen profitieren können.
- Es ist notwendig, Lernprozesse zu definieren, die den Austausch fördern und fordern.
- Die Organisation wird durch die Weitergabe von Wissen schlagkräftiger und kann mit Veränderungen besser umgehen.

4.4 Change-Management

Der erfolgreiche Einsatz von Wissensmanagement setzt eine wissensorientierte und auf Vertrauen basierende Unternehmenskultur voraus. In der Phase der Entwicklung und Implementierung einer Wissensmanagement-Lösung wird deshalb oft auch ein begleitender Veränderungsprozess der Kultur im Unternehmen ausgelöst. Veränderungen sind meist in den Einstellungen und im Verhalten des Managements und der Mitarbeiter erforderlich.

Barrieren, die kennzeichnen, dass ein begleitender Kulturprozess benötigt wird:

- Unterschied zwischen Reden und Handeln des Managements
- Die anhaltende Ansicht, dass Wissen Macht ist und deshalb kaum Wissensaustausch stattfindet
- Gleichgültigkeit in Bezug auf Wissensteilung
- Belohnungssysteme, die Wissensteilung nicht unterstützen
- Verschiedene Subkulturen durch Gruppenbildungen
- Die Organisation wird als Maschine gesehen
- Überbewertung von Technologie

Eine wissensorientierte Unternehmenskultur besitzt folgende Kennzeichen:

- Breit gestreute Informationsverteilung
- Geteilte Verantwortung
- Wissensteilung und Wissensanwendung
- Fortlaufende Lernprogramme
- Wenige Managementebenen
- Offenes Klima
- Glaubwürdigkeit der Führung durch ihr Verhalten

Die benötigten Anpassungen können tief greifend sein und eine Veränderung der Identität von Individuen und Gruppen zur Folge haben. Sie können auch das Lernen und Umsetzen neuer Prozesse betreffen.

In vielen Fällen ist für eine erwartete Änderung des Verhaltens auch ein Überdenken der eigenen Einstellungen und Werte, vielleicht auch der eigenen Überzeugungen notwendig.

Veränderungen bedeuten vielfach eine Berg- und Talfahrt an Gefühlen. Wenn der Nutzen für die Betroffenen klar und nachvollziehbar ist, können die Veränderungsprozesse leichter durchgeführt werden. Dazu gehört beispielsweise auch, ob im Rahmen des Veränderungsprozesses positiv oder negativ mit der gemeinsamen Firmenvergangenheit umgegangen wird. Negativ wäre eine schlechte Wertung bisheriger Leistungen und bisherigen Verhaltens. Dadurch käme es zu einer Identitäts- und Wertekrise, da die bisherigen Leistungen unter dem Grundsatz der Richtigkeit erbracht wurden. Ein positiver Umgang liegt dann vor, wenn die gemeinsame Vergangenheit geschätzt wird und der Veränderungsbedarf sich durch die (erwarteten) geänderten Bedingungen im Marktumfeld ergeben.

Zu beachten ist, dass für einen erwachsenen Menschen das Leben und der Alltag zum überwiegenden Teil aus Routine bestehen und meist die Übung beim Lernen fehlt. Wenn das bekannte, „sichere“ Verhaltensmuster aufgegeben oder verändert werden muss, kommt es oft zu Blockadereaktionen. Durch diese soll die gegenwärtige sichere Situation bewahrt werden.

Eine Kernaufgabe im Change-Prozess ist es daher, den Nutzen des Austausches und Anwendens von Wissen für jeden einzelnen Mitarbeiter sichtbar zu machen. Auf Basis einer Standortbestimmung können dann Maßnahmen entwickelt werden, um den Nutzen positiv erlebbar zu machen.

Eine wichtige Rolle spielen die Führungskräfte und das Management. Bei dieser Gruppe wird anhand des vorgelebten Verhaltens überprüft, ob der Veränderungsanspruch wirklich notwendig ist. Deshalb zeichnen sich erfolgreiche Veränderungsprozesse meist durch eine Identifikationsfigur im Top-Management aus, die das geforderte Verhalten täglich vorlebt.

Zu berücksichtigende Punkte im Change-Prozess:

- Feststellen des Veränderungsbedarfs
- Anpassung der Verhaltensspielregeln in Vision und Leitbild
- Aktive Rolle der Geschäftsleitung im Prozess
- Rechtliche Rahmenbedingungen (Mitbestimmungsrecht Betriebsrat)
- Erarbeitung der erforderlichen neuen Rollenbilder
- Aktive Kommunikation der Ziele und Rollen im Prozess
- Feststellung des Startpunktes für den Veränderungsprozess
- Offener, lösungsorientierter und menschlicher Umgang mit Widerständen und Konflikten
- Planung der Maßnahmen in erreichbaren Schritten
- Motivation durch kurzfristige Verbesserungen und unmittelbare Erfolge („Quick Wins“), damit der Schwung und das Engagement erhalten bleiben.

Zur näheren Information kann das Standardwerk „Change-Management“ von Doppler und Lauterburg empfohlen werden.

Zusammenfassung

- Change-Management soll begleitend die Entwicklung zu einer wissensorientierten Unternehmenskultur fördern.
- Verständliche Zwecke und Ziele stellen die Basis dar, an die man glauben kann.
- Die neuen Verhaltensformen werden in Vision und Leitbild definiert und im täglichen Leben durch das Management vorgelebt.
- Die Rollenbilder und Anreizsysteme werden an die geforderten Verhaltensweisen angepasst.
- Eine Veränderung der Unternehmenskultur braucht Beharrlichkeit.

5 Relevante Web-Entwicklungen

In den letzten Jahren schufen verschiedene Entwicklungen speziell im Umfeld des World Wide Web neue Lösungsmöglichkeiten im Wissensmanagement.

Unter dem Titel *Web 2.0* wurden Basisanwendungen und semantische Technologien geschaffen, die auf umfassendes, leicht verknüpfbares Datenmaterial zugreifen können. Dazu zählen Konzepte wie *Wikis* oder *Weblogs*, aber auch Lösungen wie *Flickr* oder *delicious*.

Die technische Basis bilden verschiedene Standards, die unterschiedlichen Zwecken dienen. In diesem Kapitel werden die wichtigsten dieser technischen Ansätze kurz beschrieben.

- HTML
- XML
- OWL
- RSS

Die praktische Anwendung ist im Kapitel „Werkzeuge für den Praktiker – Semantisches Netz" zu finden.

HTML

Tim Berners-Lee entwickelte 1989 die **Hypertext Markup Language** (HTML) als Auszeichnungssprache zur nichthierarchischen Verknüpfung von Seiten im World Wide Web. HTML wurde in verschiedenen Stufen weiterentwickelt und ist derzeit am Stand XHTML.

Mit den namensgebenden Hypertext-Elementen können über Hyperlinks verschiedene Stellen in einem Dokument/einer Webseite oder auch unterschiedliche Dokumente/Webseiten angesteuert werden. Dies stellt die Grundlage des World Wide Web dar.

Mittels HTML können sowohl die Struktur als auch das Layout eines Textes definiert werden. Diese zusätzlichen Informationen können jedoch bei der Verwendung der Daten in anderen Anwendungen zu Schwierigkeiten führen. Tags helfen dabei, Dokumente und deren Inhalt zu charakterisieren.

XML

XML ist die Abkürzung für **Extensible Markup Language** – wörtlich: erweiterbare Beschreibungssprache. Diese wurde 1998 standardisiert. Im Wesentlichen werden die Inhalte bei XML in einer reinen ASCII-Form gespeichert. Durch die strikte Trennung von Inhalten und Layout-Informationen können die Inhalte problemlos in verschiedenen Anwendungen genutzt werden. Fokus ist also die leichte Austauschbarkeit von Daten und deren gemeinsame Nutzung durch unterschiedliche Anwendungen. Immer mehr Anwendungen (z. B. Open Office) verwenden XML als Datenformat, und auch in Microsoft Office 12 soll echtes XML verwendet werden.

Diese applikations- und plattformübergreifende Nutzungsmöglichkeit ergibt auch neue Chancen für die Anwendung im Wissensmanagement. Wissensbestände aus verschiedenen Applikationen können leichter miteinander verknüpft, auffindbar gemacht und verwendet werden.

OWL

Die **Web Ontology Language** (OWL) ist eine formale Beschreibungssprache, die es ermöglicht, Ontologien (Begriffe und ihre Beziehung zueinander) zu erstellen. Die Sprachdefinition wurde vom World Wide Web Consortium (W3C) als wesentlicher Bestandteil der Semantic Web Initiative erstellt.

OWL unterscheidet zwischen Klassen, Eigenschaften und Instanzen, wobei die Klassen ein Konzept abbilden und die Eigenschaften sowohl einer Klasse als auch der Beziehung zwischen einzelnen Klassen zugewiesen werden können. Unter Instanzen versteht man die einzelnen Objekte, die einer oder mehreren Klassen zugeordnet sein können.

Ein wesentlicher Vorteil von OWL liegt darin, dass die Software (wie z. B. Agenten, siehe Werkzeug *Agenten/Webcrawler*) die Bedeutung und das begriffliche Umfeld einer Information „verstehen" und darauf reagieren kann. Ein weiterer Vorteil liegt in der Abbildung von Zusammenhängen, was die Suche und Navigation im Vergleich zu den derzeitigen Systemen wesentlich verbessert. Von anderen Personen aufgebaute Ontologien können im Web 2.0 in Form sogenannter „trusted ontologies" übernommen werden, um damit komplexe eigene Begriffszusammenhänge aufzubauen.

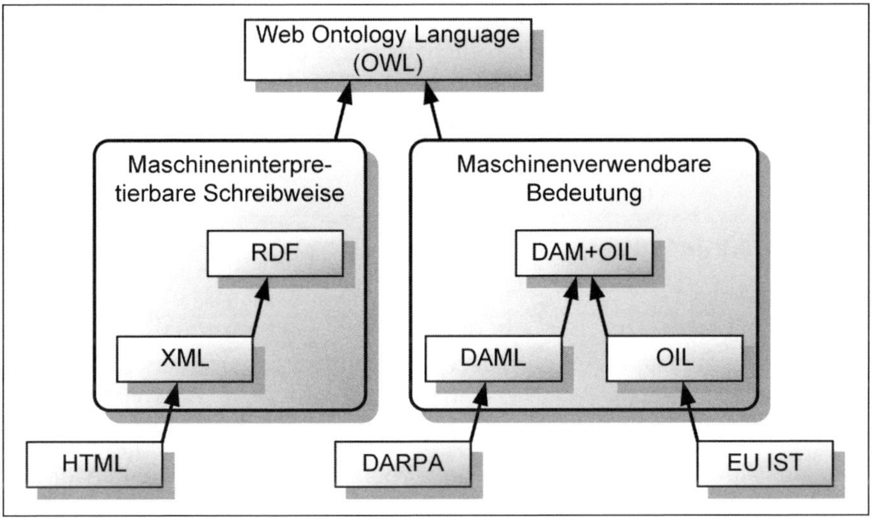

Herkunft von OWL bzw. Zusammenhänge mit anderen Web-Standards

RSS

Während XML den Austausch von Inhalten über verschiedene Applikationen erleichtert, hilft RSS bei einem anderen Problem. Will man sich über Inhalte auf verschiedenen Webseiten informieren, so kann man diese direkt ansteuern. Allerdings gibt es keine Information darüber, falls sich auf einer Webseite wichtige Änderungen oder Ergänzungen ergeben. Hier hilft RSS. Der Anbieter der Webseite informiert selbst aktiv, wenn sich seine Seite geändert hat. Dies natürlich nur dann, wenn man diesen Service auf der betreffenden Webseite vorher abonniert hat.

Der Benutzer wird aktiv über Veränderungen informiert. Dabei sollte in der Benachrichtigung die Überschrift transportiert werden, eventuell auch eine Zusammenfassung und ein Link auf die eigentliche vollständige Nachricht (= Webseite).

Die Nutzung von RSS ist nicht auf Textnachrichten beschränkt. Mit Anwendungen wie Podcasts können auch Audio- und Videonachrichten übertragen werden.

Die Bereitstellung von Daten im RSS-Format (**Really Simple Syndication**) wird RSS-Feed genannt. Auch dieser Standard wird weiterentwickelt. Der Nachfolger von RSS wird auf XML basieren, ATOM heißen und soll die verschiedenen RSS-Dialekte integrieren. Damit wird die aktive Informierung (Push-Prinzip) noch leichter umsetzbar.

Zusammenfassung

- Durch die Entwicklungen im World Wide Web ergeben sich neue Möglichkeiten im Bereich der internet- und intranetbasierenden Wissensmanagement-Werkzeuge. Wesentliche Sammelbegriffe für die verschiedenen Ansätze sind *Web 2.0* und *Social Software*.
- HTML stellt durch die Verwendung von Hyperlinks die einfache, nicht-lineare Strukturierung und Formatierung von Inhalten oder Texten zur Verfügung.
- Mit XML wird ein applikations- und plattformübergreifendes Datenformat zur Verfügung gestellt. Daten und Texte sind bei XML strikt von den Layout-Informationen getrennt, womit die Verwendung dieser Daten in unterschiedlichen Applikationen ermöglicht wird.
- Durch OWL werden Lösungen wie das *Semantic Web* (Web 2.0) ermöglicht. Damit kann zusätzlich zum Inhalt auch eine komplexe Ontologie aufgebaut werden, wodurch die Qualität von automatisch aufbereiteten Ergebnissen und die Qualität von Suchergebnissen ganz erheblich steigt.
- RSS hilft, bei Änderungen von Webseiten (oder Teilen davon) aktiv informiert zu werden (Push-Prinzip). Mittels einer kurzen Information erhält der Anwender den Titel der Änderung und einen Link zur aktualisierten Information.

6 Begriffe im Wissensmanagement

Quelle dieser Definitionen und Erläuterungen ist der durch das CEN/ISSS im Frühjahr 2004 in Brüssel veröffentlichte „Europäische Leitfaden zur erfolgreichen Praxis im Wissensmanagement“, der unserer Meinung nach einen sehr guten Überblick über folgende Begriffe gibt:

1. Best/Good Practices (Beste/bewährte Praktiken bzw. Verfahren)
2. CKO = Hauptverantwortlicher für Wissen (Chief Knowledge Officer)
3. CoP = Praxisgemeinschaft (Community of Practice)
4. Daten
5. Erzähltechniken
6. Explizites Wissen
7. Humankapital
8. Immaterielle Vermögenswerte
9. Implizites Wissen
10. Information
11. Informationsmanagement
12. Intellektuelles Kapital
13. Kernkompetenz
14. Kunden(Beziehungs-)kapital
15. Lernende Organisation
16. Organisationales WM
17. Persönliches WM
18. Strukturkapital
19. Taxonomie
20. Unternehmenskultur/Organisationskultur
21. Wissen
22. Wissensaudit
23. Wissensbasierte Wirtschaft
24. Wissenslebenszyklus („Wissenskreislauf“)
25. Wissensmanagement (WM)
26. WM-Grundkonzept
27. WM-Messverfahren
28. WM-Rollen
29. WM-Strategie
30. WM-Werkzeuge

1. **Best/Good Practices (Beste/bewährte Praktiken bzw. Verfahren):** WM-Praktiken, die in unterschiedlichen Situationen innerhalb oder außerhalb einer bestimmten Organisation hervorragende Ergebnisse erzielt haben. Diese können auf ihre Gültigkeit überprüft, beschrieben und als brauchbare Modelle zur Nachahmung an andere weitergegeben werden.

2. **CKO = Hauptverantwortlicher für Wissen (Chief Knowledge Officer):** Die Person, welche die Führungsaufgabe in Sachen WM innehat. Üblicherweise formuliert und propagiert ein CKO die WM-Visionen, leitet die Implementierung und Durchführung von WM-Initiativen und ist letztverantwortlich für das Erzeugen, Teilen und Anwenden von Wissen in einer Organisation.

3. **CoP = Praxisgemeinschaft (Community of Practice):** Informelle, selbst organisierte Zusammenarbeit von Menschen (Arbeitsgemeinschaften) innerhalb oder zwischen Organisationen, die Aufgaben, Interessen oder Ziele teilen. Wenn sich eine CoP über einen längeren Zeitraum hin als nützlich für ihre Mitglieder erweist, kann sie ihren Status durch Namensgebung und Einführung von Interaktionsregeln und Instrumenten formalisieren. (Interessen- und Zweckgemeinschaften stellen weitere Formen von WM-Gemeinschaften dar.)

4. **Daten:** Diskrete, objektive Fakten (Zahlen, Symbole und Abbildungen) ohne Kontext und Interpretation.

5. **Erzähltechniken:** Techniken, die dazu verwendet werden, um komplizierte Sachverhalte zu beschreiben, Ereignisse zu erklären, Erfahrungen weiterzugeben oder organisationalen Kulturwandel herbeizuführen. Dazu gehören u. a. mündliches Geschichtenerzählen, Rollenspiele oder schriftliche Veranschaulichungsmethoden, welche komplexere Zusammenhänge leichter und nachhaltiger zu vermitteln helfen und damit die Kommunikation (im Vergleich zu nicht-narrativen Methoden) wesentlich anreichern.

6. **Explizites Wissen:** Individuelles und kollektives Wissen, das kodifiziert vorliegt (üblicherweise in Worten, Zahlen, Grafiken, Skizzen ausgedrückte Darstellungen, Beschreibungen, Spezifikationen, Handbücher oder Rezepte) und daher leicht mitgeteilt und verstanden werden kann.

7. **Humankapital:** Beschreibt den Wert des Wissens, der Fähigkeiten und Kompetenzen der Mitarbeiter einer Organisation. Eine Organisation, die das Humankapital systematisch weiterentwickelt, wird mit größerer Wahrscheinlichkeit zu einer erfolgreichen Lernenden Organisation werden, als eine, die dies nicht tut.

8. **Immaterielle Vermögenswerte:** Güter, die für eine Organisation einen großen Wert darstellen können, die allerdings keine physische Form haben und traditionellerweise aus finanzieller Perspektive nicht berücksichtigt (erfasst) werden. Sie werden gelegentlich unter dem Titel Goodwill in den Bilanzen angeführt. Sie umfassen Vermögenswerte wie Reputation, Markennamen, Monopolrechte und andere nicht bilanzierbare Werte wie „Potenziale", d. h. das Vermögen, zukünftige Wettbewerbsvorteile zu generieren.

9. **Implizites Wissen:** Damit wird jene Form des Wissens bezeichnet, welches schwer in Sprache übertragbar ist. Es kann sich um unbewusste Denkmuster, Verhaltensweisen und körperliche Geschicklichkeiten handeln, die durch Erfahrung erworben werden. Durch WM-Techniken wie „Lernen durch Erfahrung" (Learning by doing) oder Zusammenarbeit in Gruppen (siehe CoPs) kann dieses schwer kodifizierbare Wissen geteilt werden.

10. **Information:** Information basiert auf Daten und liefert zusätzliches Verständnis für einen Sachverhalt. Eingebettet in einen Handlungskontext ist Information die Grundlage für Wissen.

11. **Informationsmanagement:** Umfasst alle Prozesse von der Erfassung, Auswahl und Kategorisierung bis zur Indexierung und Speicherung von Informationen. Dies bezieht sich üblicherweise auf die aktive und kontinuierliche Überprüfung gespeicherter und über unterschiedliche Kanäle verteilter Inhalte (Datenbanken, Taxonomien, menschliche Kommunikationsnetzwerke etc.).

12. **Intellektuelles Kapital:** Eine Untergruppe von immateriellen Vermögenswerten (Immaterielle Güter), welche in drei Untergruppen aufgeteilt wird – Humankapital, Strukturkapital und Kunden(beziehungs-)kapital. Das intellektuelle Kapital kann das Wissen von Mitarbeitern, Daten und Informationen über Prozesse, Experten, Produkte, Kunden und Mitbewerber sowie Urheberrechte (Patente, Lizenzen, Rezepte) beinhalten.

13. Kernkompetenz: Die Gesamtheit der Fertigkeiten, Fähigkeiten, Erfahrungen und Eigenschaften, die von einer Organisation als erfolgskritisch für WM-Initiativen angesehen werden, z. B. Umgang mit Information, Kultur des Teilens.

14. Kunden(Beziehungs-)kapital: Bezieht sich auf das Netzwerk von zufriedenen Kunden eines Unternehmens und deren Loyalität gegenüber dieser Organisation. (Der weiter gefasste Begriff „Beziehungskapital" erstreckt sich auf die Gesamtheit der externen Beziehungen einer Organisation, wie Lieferanten, Partner, Investoren, Eigentümer etc.)

15. Lernende Organisation: Ist eine Organisation, die ihre zukünftigen Wettbewerbsvorteile durch kontinuierliches Lernen und Wissensanwendung zu erreichen versucht und somit in der Lage ist, ihr Verhalten an eine sich verändernde Umwelt anzupassen.

16. Organisationales WM: Im Unterschied zu persönlichem WM bezieht sich organisationales WM auf eine unternehmensweit relevante, strategische Entscheidung, Wissen bewusst und aktiv mit Hilfe von Methoden, Prozessen, Instrumenten und Menschen zu managen.

17. Persönliches WM: Ein Bündel von Konzepten, Methoden und Instrumenten zur Strukturierung und Ordnung von individuellen Wissensbeständen, das den Mitarbeitern ermöglicht, Verantwortung dafür zu übernehmen, was sie wissen und wen sie kennen.

18. Strukturkapital: Bezeichnet jenes Wissen, das in Organisationsstrukturen, Prozessen und der Unternehmenskultur festgehalten und institutionalisiert wird. Strukturkapital ist eine Form des expliziten Wissens; es kann Patente, Urheberrechte, Verträge, Markennamen sowie Geschäftsgeheimnisse beinhalten und in dokumentierten Verfahren, Datenbanken, Experten-, Entscheidungsunterstützungs- und WM-Systemen gespeichert sein. Strukturkapital ist das, was übrig bleibt, wenn alle Mitarbeiter nach Hause gehen, und ist somit „Eigentum der Organisation".

19. Taxonomie: Ist das Ergebnis einer Klassifizierung und Strukturierung von Wissensbeständen. Sie hilft, explizites Wissen hierarchisch zu gliedern und Typen von Wissenselementen zuzuordnen. Mit einer guten Taxonomie können Anwender ihre Rechercheergebnisse (Suchergebnisse) bezüglich benötigten Wissens erheblich verbessern.

20. Unternehmenskultur/Organisationskultur: Die Art und Weise des Wahrnehmens, Denkens und Fühlens, das die Mitglieder einer Organisation gemeinsam haben und miteinander verbindet („Die spezifische Weise, wie Dinge bei uns erledigt werden …").

21. Wissen: Eine Gruppierung von Daten und Informationen (vom Gesichtspunkt der Informationstechnologie) und einer Kombination mehrerer unterschiedlicher mentaler Aktivitäten. Diese können sein: Erfahrung, Gefühle, Werte, Intuitionen, Ahnungen, Werthaltungen, Glauben, Vertrauen, Neugierde, Motive, Lernfähigkeit, Offenheit, Verhalten, Synthesevermögen, Risikobereitschaft, Fähigkeit mit Komplexität umzugehen, Kommunikationsfähigkeit, Unternehmergeist etc.

Wissen dient der Fähigkeit, rationale Entscheidungen zu treffen und vernünftig zu handeln. Gewöhnlich wird zwischen explizitem, formulierbarem und implizitem Wissen (schwer bzw. nicht aussprechbar) sowie zwischen persönlichem und kollektivem Wissen unterschieden.

22. Wissensaudit: Eine systematische Revision, üblicherweise basierend auf Fragebögen, Interviews oder Erzählungen, welches das Wissen innerhalb einer Organisation betrifft. Ein Wissensaudit beinhaltet oft auch Darstellungen von Wissensflüssen innerhalb und zwischen Organisationen, Teams und Individuen.

23. Wissensbasierte Wirtschaft: Ein kürzlich geprägter Begriff, der ein Stadium der (makroökonomischen) Wirtschaftsentwicklung bezeichnet, in dem Wissen als Schlüsselfaktor für Produktion und Wettbewerb angesehen wird. Diese wichtige Veränderung hat signifikante Auswirkungen auf Strategien, Prozesse und Strukturen aller Organisationstypen: große, kleine, öffentliche oder private, kommerzielle, nicht profitorientierte oder akademische Organisationen.

24. Wissenslebenszyklus („Wissenskreislauf"): Beschreibt die typischen Phasen beim Managen von Wissen – Selektion, Pflege, Messung, Verteilung und Anwendung von Wissen im jeweils gegebenen Kontext.

25. Wissensmanagement (WM): Geplantes, fortlaufendes Management von Aktivitäten und Prozessen, welche die Wirksamkeit von Wissen steigern und die Wettbewerbsfähigkeit durch bessere Erzeugung und Nutzung von individuellen und kollektiven Wissensressourcen stärken.

26. WM-Grundkonzept: Beschreibt die wichtigsten Faktoren (Vermögenswerte, Menschen, Prozesse, Instrumente), welche über Erfolg oder Misserfolg von WM-Initiativen entscheiden können und deren Wechselwirkung bzw. Abhängigkeitsverhältnis zueinander.

Üblicherweise wird dieser konzeptionelle Rahmen in eine bildhafte Darstellung umgeformt, um den Akteuren eine leichtere Positionierung individueller Aktivitäten in einem weiteren Zusammenhang zu ermöglichen. Die Veranschaulichung dient als „Gedächtnisstütze“ für WM.

27. WM-Messverfahren: Zielen darauf ab, Organisationen zu helfen, die durch WM-Projekte, Programme und Strategien erzeugten Wertsteigerungen zu erfassen. So ist beispielsweise der Ertrag von Investitionen in WM- Projekte (ROI = Return on Investment) durch eine Kombination von quantitativen und qualitativen Messverfahren erfassbar.

28. WM-Rollen: Für eine erfolgreiche Einführung von WM in Organisationen ist eine klare Definition und Verteilung von Rollen (Zuständigkeiten) erforderlich. Sie sind nicht immer formalisiert, doch können Rollen, wie CKO, Content Manager, Change-Management-Experten, Wissensmakler und -vermittler umfassen.

29. WM-Strategie: Formuliert Konzepte und Pläne, wie eine Organisation beabsichtigt, WM-Methoden, -Instrumente und -Praktiken zur Nutzung von Wissensbeständen, Mitarbeitern und Prozessen einzusetzen und zur Unterstützung der organisatorischen Gesamtstrategie fruchtbar zu machen.

30. WM-Werkzeuge: Bezeichnet Werkzeuge zur Implementierung und Durchführung von WM-Prozessen. Solche Instrumente können IT-Systeme (Datenbanken, Intranets, Extranets, Suchmaschinen, Portale etc.), Methoden oder auch menschliche Netzwerke (d. h. CoPs) sein.

Werkzeuge für den Praktiker

6 Denkhüte

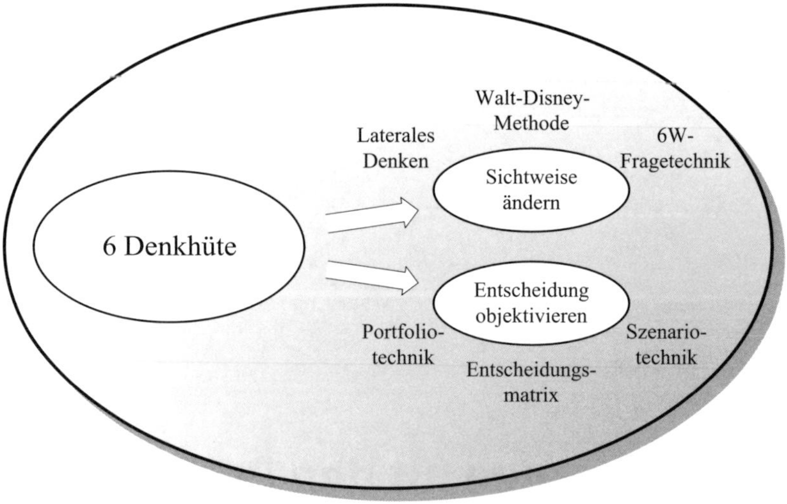

Wichtigste Eigenschaften und verwandte Werkzeuge

Der **weiße Hut** steht für analytisches Betrachten von Zahlen, Daten und Fakten bzw. für die Frage, welche Information benötigen wir noch?

Der **schwarze Hut** steht für den Kritiker, der systematisch nach Gefahren, Schwierigkeiten und Problemen sucht.

Der **rote Hut** steht für Emotionen und Empfindungen im Zusammenhang mit dem behandelten Thema.

Der **gelbe Hut** steht für den Optimisten, der sich mit den positiven Effekten, dem Nutzen und den Vorteilen beschäftigt.

Der **grüne Hut** steht für kreatives und assoziatives Denken, um neue Ideen zu entwickeln.

Der **blaue Hut** steht für den Moderator, der sich mit der Steuerung des ablaufenden Prozesses beschäftigt.

Verwendung der verschiedenen Hüte

Charakteristik

Die sechs Denkhüte nach De Bono sind ein Werkzeug, um ein Thema systematisch unter verschiedenen Gesichtspunkten zu betrachten.

Die Methode ist hervorragend dazu geeignet, Entscheidungen weitgehend frei von Vorurteilen und politischen Standpunkten zu treffen.

Praktische Umsetzung

Die durch die einzelnen Denkhüte symbolisierten Denkhaltungen sind auf der linken Seite angeführt. Bei den ersten Sitzungen mit dieser Methode ist es von Vorteil, detaillierte Beschreibungen der jeweiligen Hüte gut sichtbar im Raum anzubringen.

Während einer Besprechung können entweder die einzelnen Hüte an die Teilnehmer verteilt oder alle Hüte der Reihe nach von der ganzen Gruppe aufgesetzt werden.

Sowohl die Reihenfolge als auch die Anzahl der verwendeten Hüte ist abhängig von der zu bearbeitenden Aufgabe (z. B. Probleme lösen mit blau-weiß-grün-gelb-schwarz-weiß-blau).

Wichtig

Bei der Durchführung einer Sitzung ist vor allem auf die zeitliche Ausgewogenheit der einzelnen Sichtweisen zu achten.

Technische Voraussetzungen/Hilfsmittel

Für die Anwendung des Werkzeugs sind keine technischen Hilfsmittel notwendig.

Zusammenfassung

Die sechs Denkhüte helfen, Komplexität zu reduzieren, da die Denkperspektive systematisch gewechselt wird.

Entscheidungen werden weitgehend frei von Vorurteilen und politischen Standpunkten unter Beachtung aller relevanten Perspektiven gefällt.

6W-Fragetechnik

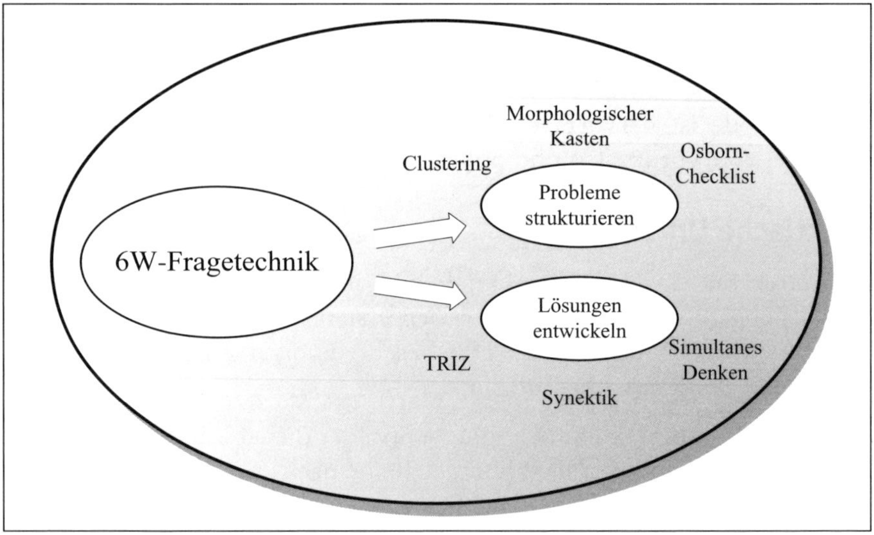

Wichtigste Eigenschaften und verwandte Werkzeuge

6W-Fragetechnik:

WER? – Festlegen der Verantwortlichkeiten

WAS? – Spezifizieren von Aufgabe und Zielsetzung

WO? – Abgrenzen des Aktionsfelds

WANN? – Festlegen eines Zeitplans

WIE? – Definieren der eingesetzten Methoden und des Weges

WOZU? – Angeben der Veränderungsnotwendigkeit

Ausrichtung der einzelnen Fragen der 6W-Fragetechnik

Charakteristik

Die 6W-Fragetechnik ist ein Instrument zur konsequenten Gestaltung von zielorientierten Fragen. Die Antworten auf die einzelnen Fragen helfen dabei, erarbeitete Ideen aus vorangegangenen Phasen leichter umzusetzen. Durch die verschiedenen Fragen werden alle notwendigen Themen für die Umsetzung geklärt.

Praktische Umsetzung

Die 6W-Fragetechnik eignet sich besonders gut für die Definition von Aktionen. Dabei wird durch die geführte Fragestellung, zum Beispiel durch einen Projektleiter, die Aktion genau beschrieben.

Die Frage *Wer?* bezieht sich auf die Definition der Verantwortlichkeiten. *Was?* fokussiert das gemeinsame Ziel. Die Festlegung über die Betätigungsgrenzen wird mit der Frage *Wo?* geklärt. Nach den einzuhaltenden verschiedenen Terminen und Meilensteinen wird mit *Wann?* gefragt. *Wozu?* klärt den Handlungsdruck zur Lösung. Die Auswahl der einzusetzenden Methoden und Werkzeuge wird mit *Wie?* getroffen.

Wichtig

Die Frage *Warum?* sollte vermieden werden, da sie in die Vergangenheit gerichtet ist und meist zu Rechtfertigungen führt. Sie sollte durch *Wozu?* ersetzt werden.

Weiters ist es wichtig, lösungsorientierte Fragen zu stellen, die sich am vereinbarten Ziel und nicht an der bestehenden Störung orientieren.

Technische Voraussetzungen/Hilfsmittel

Es gibt keine benötigten technischen Hilfsmittel.

Zusammenfassung

Die 6W-Fragetechnik unterstützt mit offenen Fragen den Prozess der Umsetzung von gefundenen Lösungsideen. Durch die verschiedenen Fragen werden Ziel, Weg, Zeit und Verantwortlichkeiten festgelegt.

After Action Review

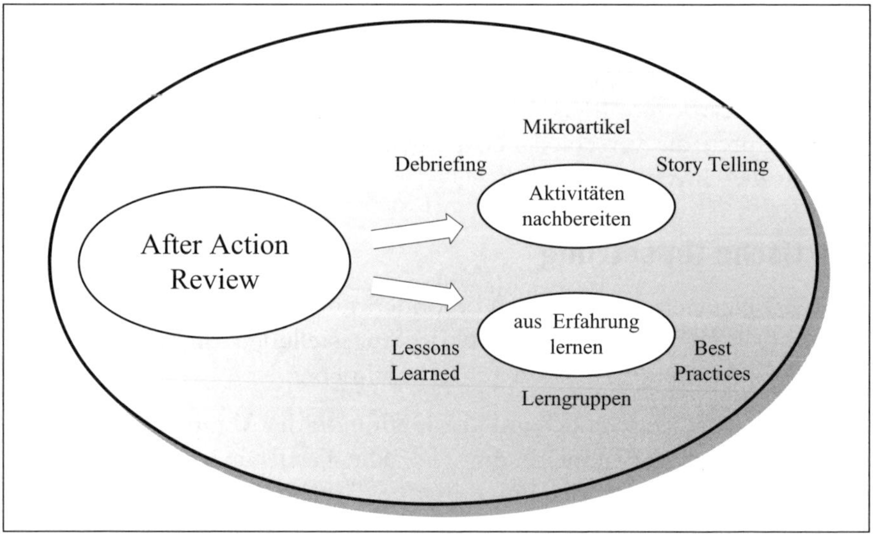

Wichtigste Eigenschaften und verwandte Werkzeuge

Was war geplant?

- Geplante Maßnahmen und angestrebte Resultate anführen

Was geschah tatsächlich?

- Ereignisse in chronologischer Reihenfolge angeben
- Tatsächliche Entwicklung nachzeichnen

Wo sind die Unterschiede und warum?

- Abweichungen vom ursprünglichen Plan festhalten
- Gründe für die Abweichungen analysieren

Was können wir lernen?

- Stärken, die ausgebaut werden sollten
- Schwächen, die vermindert werden sollten

Fragenkatalog für die Anwendung von After Action Review

Charakteristik

After Action Review (AAR) wurde vom US-amerikanischen Militär entwickelt, um die kritische Aufarbeitung von Einsätzen zu sichern. Viele Unternehmen haben diese spezifische Vorgehensweise aufgegriffen und setzen AARs zur Nachbereitung von Aktivitäten und als Werkzeug ein, um im Team aus Erfahrungen zu lernen.

Praktische Umsetzung

After Action Reviews werden nach entscheidenden Ereignissen oder am Ende eines Projektes zur Reflexion eingesetzt. Möglichst alle Beteiligten kommen zu einer abschließenden Besprechung zusammen und diskutieren die Geschehnisse anhand eines Fragenkatalogs (siehe nebenstehende Abbildung). Sie stellen einen Soll-Ist-Vergleich an, analysieren die Abweichungen und ziehen daraus Schlüsse für die Zukunft. Eine solche Nachbesprechung kann entweder unter der Führung eines Moderators oder selbst gesteuert im Team durchgeführt werden.

Diese Erkenntnisse werden dann festgehalten und anderen zugänglich gemacht. Für die Dokumentation und Bereitstellung der Erkenntnisse empfiehlt es sich, weitere Wissensmanagement-Werkzeuge einzusetzen.

Wichtig

After Action Reviews setzen eine Kultur der Offenheit voraus, in der Probleme angesprochen und abweichende Meinungen geäußert werden können. Dabei müssen gegenseitige Schuldzuweisungen unbedingt vermieden werden.

Technische Voraussetzungen/Hilfsmittel

Für die Nachbesprechung sind ein Flipchart und ein Moderationskoffer hilfreich.

Zusammenfassung

After Action Reviews unterstützen mit Hilfe eines normierten Fragenkatalogs die reflektierte Nachbereitung von Ereignissen und damit das Lernen aus Erfahrungen.

Agenten/Webcrawler

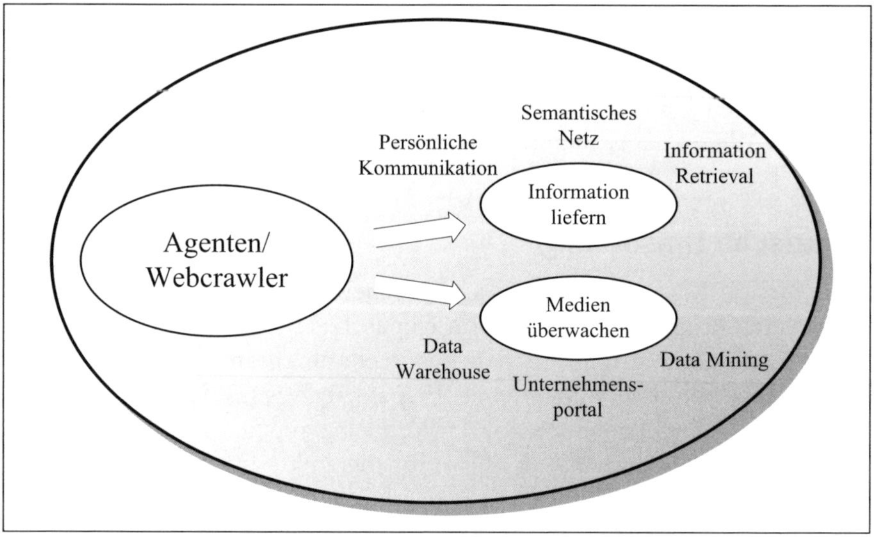

Wichtigste Eigenschaften und verwandte Werkzeuge

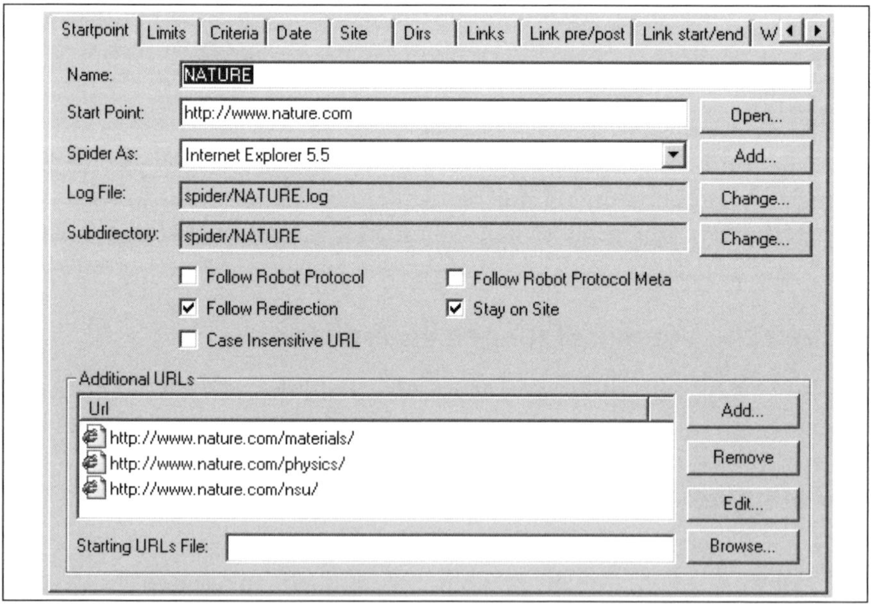

Benutzeroberfläche eines Web-Agenten zum Indexieren von Seiten

Charakteristik

Agenten sind Computerprogramme, die automatisiert das Web durchsuchen. Bei der Erfüllung von vorgegebenen Kriterien besteht die Möglichkeit, bestimmte Aktionen (z. B. das Speichern der Seite) auszulösen. Derzeit ist das Indexieren von Webseiten für WWW-Suchmaschinen die häufigste Anwendung.

Durch die Navigation im semantischen Web auf Basis von logischen Zusammenhängen werden Agenten in Zukunft auch wesentlich anspruchsvollere Aufgaben erledigen können.

Praktische Umsetzung

Es gibt mittlerweile eine Vielzahl von kleinen Programmen, welche als Agenten das World Wide Web oder lokale Datenträger nach vorgegebenen Kriterien durchsuchen. Sie folgen ausgehend von einer Startseite den Hyperlinks nach definierten Kriterien. Die so gesammelten Informationen können zur Beobachtung von Mitbewerbern ebenso eingesetzt werden wie zur systematischen Überwachung von interessanten Themengebieten.

Wichtig

Da es sich sowohl beim Internet als auch bei internen Datenstrukturen um dynamische Systeme handelt, ist eine regelmäßige Kontrolle der Funktionsfähigkeit des aufgesetzten Agenten unerlässlich.

Technische Voraussetzungen/Hilfsmittel

Technisch ist für einen Agenten lediglich ein entsprechendes Programm (Freeware, Shareware) sowie ein Zugang zum zu überwachenden Medium notwendig.

Zusammenfassung

Agenten sind Programme zum systematischen Sammeln relevanter Information.

Bei Erfüllung bestimmter Bedingungen werden Aktionen ausgelöst.

Analogiebildung

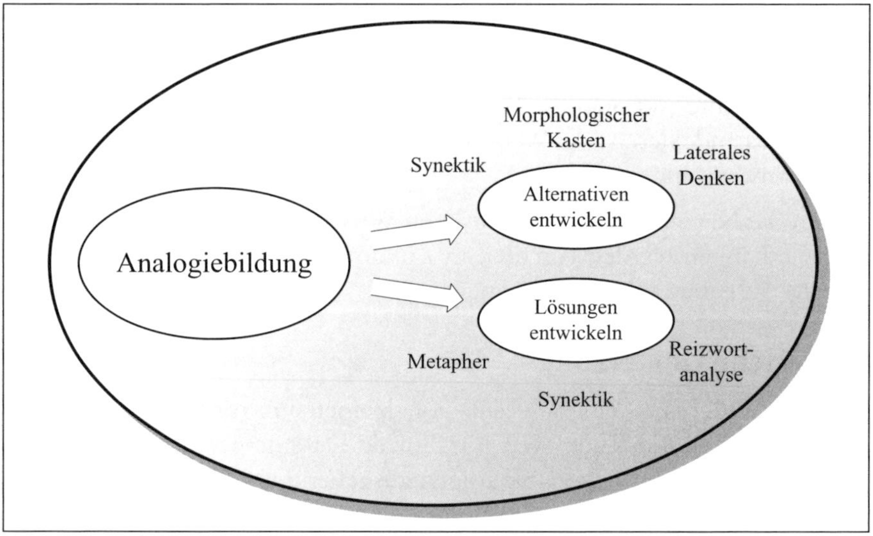

Wichtigste Eigenschaften und verwandte Werkzeuge

1. Technik-Analogie

Betrachtung ähnlicher technischer Strukturen

2. Natur-Analogie

Betrachtung ähnlicher biologischer Strukturen (auch „bionische Analogie" genannt)

Vorteile der Analogiebildung:
Neben der Anregung für die Lösungssuche bieten Analogien durch Simulation die Möglichkeit, das Systemverhalten in einem frühen Entwicklungsstadium zu studieren. Optimierungen können somit früh erkannt und eingeleitet werden.

Nachteile der Analogiebildung:
Analogien können zumeist nur in einem sehr abstrakten Grad auf die vorliegende technische Aufgabenstellung übertragen werden. Oftmals fällt die Suche nach einer direkten Umsetzungsmöglichkeit in der Technik schwer.

Varianten bzw. Vorteile und Nachteile der Analogiebildung

Charakteristik

Unter der Analogiebildung versteht man eine Technik zur Übertragung von problemfremden Mustern auf eine zu lösende Problemstellung. Die Anwendung erfolgt meist im technischen Bereich und ist hilfreich für Entwickler, um bei Mangel an Ideen zu völlig neuen Lösungen zu kommen.

Praktische Umsetzung

Bei der Methode der Analogiebildung wird versucht, eine Lösung oder Vorgehensweise aus einem Bereich auf ein Problem eines anderen Bereichs zu übertragen. Entsprechend der gewählten Analogie beginnt man mit der Informationssuche. Wird z. B. die Biologie gewählt, werden Fachbücher aus diesem Fachgebiet benötigt. Die Vorgehensweise, in diesem Fall aus der Biologie, wird bei der bestehenden Problemstellung angwandt und durch die Analogie eine Lösung entwickelt.

Wichtig

Eine Analogie besteht dann, wenn mindestens ein Merkmal eines Analogieobjektes auch Teil des Suchobjektes ist. Eine *strukturelle* Analogie liegt vor, wenn eine völlige oder zumindest partielle Übereinstimmung der Strukturen von Analogie- und Suchobjekt vorliegen. Die *funktionelle* Analogie ist hingegen durch unterschiedlichen strukturellen Aufbau, aber Erfüllung derselben Funktion charakterisiert.

Technische Voraussetzungen/Hilfsmittel

Grundsätzlich sind Recherchen in Literatur und Internet notwendig. Dabei können eventuell Datenbanken und Lexika hilfreich sein.

Zusammenfassung

Die Analogiebildung kommt vorwiegend bei der Suche nach neuen und außergewöhnlichen Wegen in der Problemlösung zum Einsatz. Dabei bedeutet Analogiebildung nicht die direkte Übernahme der gefundenen Lösung, es handelt sich vielmehr um ein Schlussfolgern von einer Lösung auf die andere.

Best Practices

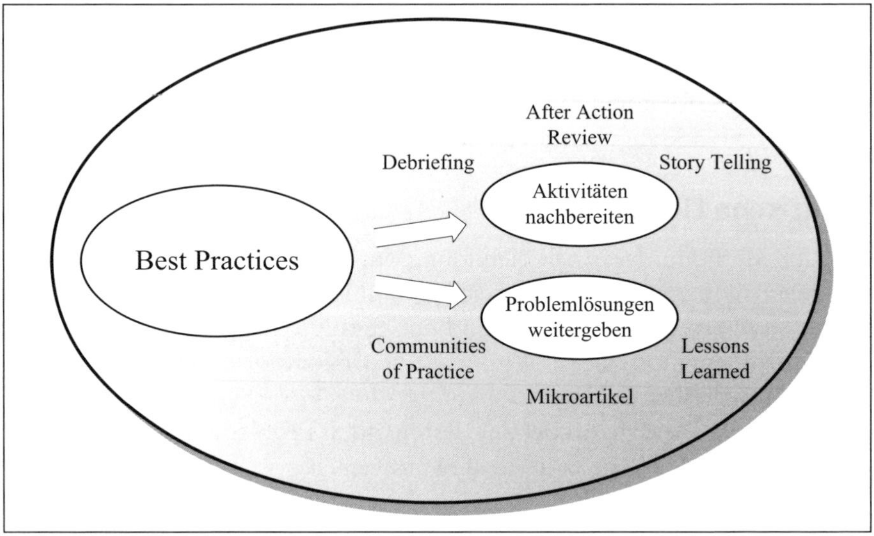

Wichtigste Eigenschaften und verwandte Werkzeuge

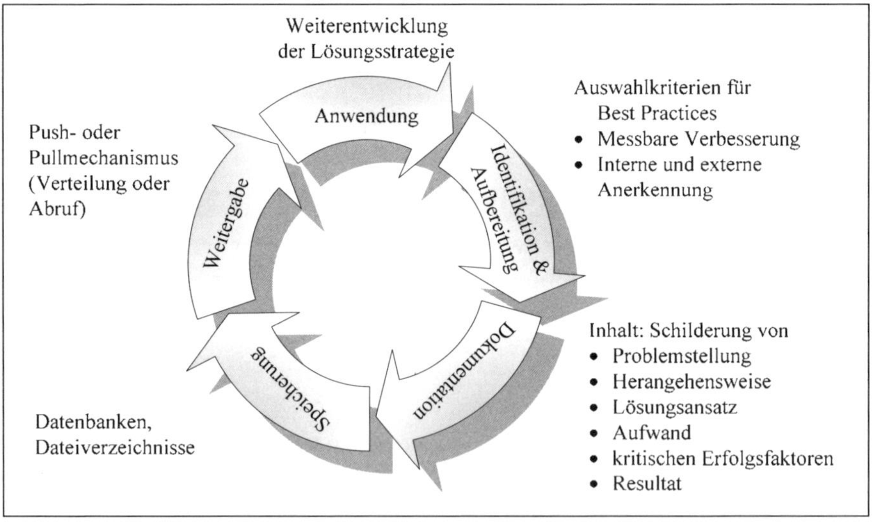

Prozesskreislauf des Best Practice Sharings

Charakteristik

Best Practices streben die Übertragung von individuellem Lernen auf die organisationale Ebene an. Von diesem Ansatz her ähneln sie den *Lessons Learned*, weshalb unsere Erläuterungen zu diesen auch hier Gültigkeit haben. Allerdings werden beim Best Practice Sharing ausschließlich erfolgreiche Praktiken aufbereitet und als vorbildhafte Lösung mit dem Ziel der Nachahmung anderen Mitarbeitern zugänglich gemacht.

Praktische Umsetzung

Der Prozesskreislauf beginnt mit der Identifikation einer Problemlösungsstrategie als „die Beste“. Dies kann durch den direkten Vergleich im Rahmen von Benchmarking-Projekten oder über IT-Plattformen geschehen.

Jedenfalls müssen erst möglichst objektive Auswahlkriterien festgelegt werden. Um zeitraubende Debatten zu vermeiden, ersetzen manche Unternehmen den Begriff „beste Praktiken“ durch „erfolgreich angewandte Praktiken“.

Wichtig

Kritisch bei der Anwendung von Best Practices ist deren Übertragbarkeit auf eine andere Situation. Daher muss die Beschreibung der Lösungsstrategie abstrakt genug, um auch auf andere Problemstellungen zuzutreffen, zugleich aber exakt genug sein, um einen Informationsverlust zu vermeiden.

Technische Voraussetzungen/Hilfsmittel

In den einzelnen Phasen können andere Wissensmanagement-Werkzeuge, wie Dokumentenmanagement-Systeme, herangezogen werden.

Zusammenfassung

Best Practices beschreiben einen klar definierten Prozess, in dem als nachahmenswert erkannte Problemlösungsstrategien weitergegeben werden. Bei der Dokumentation muss insbesondere auf die Übertragbarkeit der Lösung geachtet werden.

Brainstorming

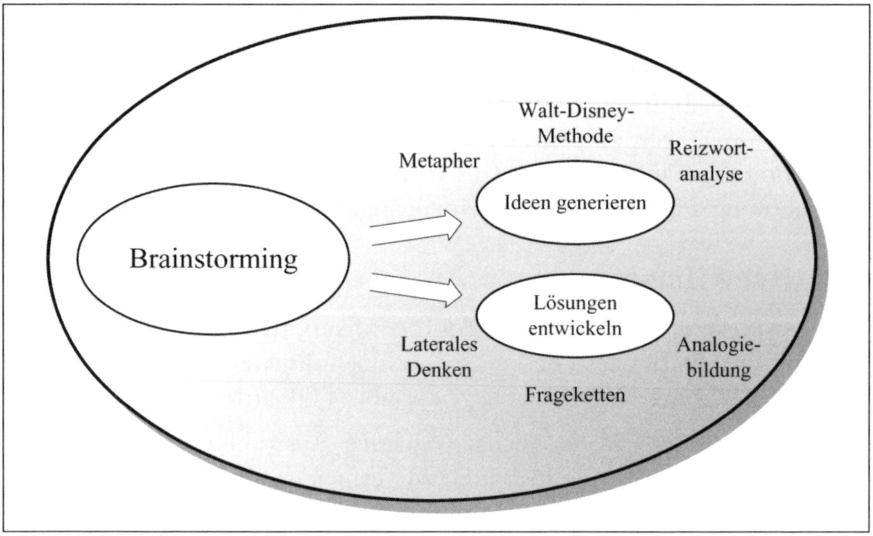

Wichtigste Eigenschaften und verwandte Werkzeuge

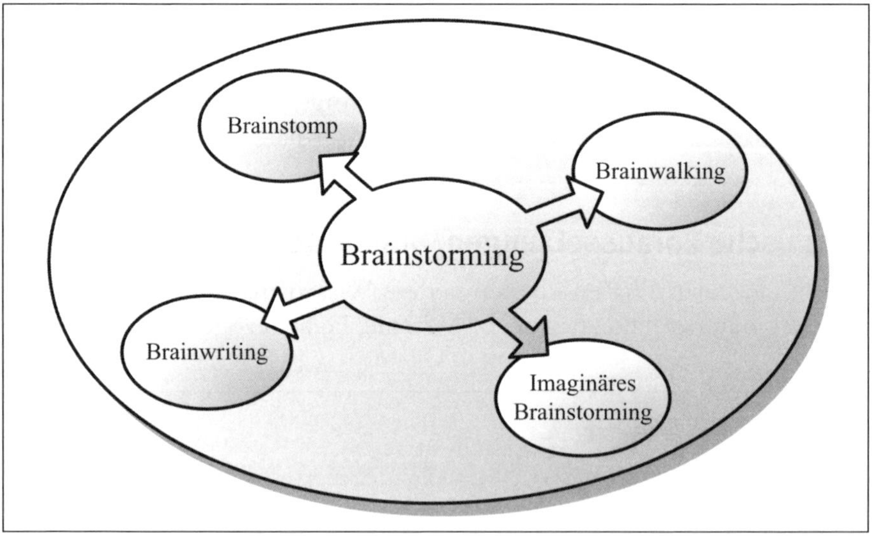

Brainstorming und Varianten

Charakteristik

Unter Brainstorming versteht man eine Kreativitätstechnik, die das Entwickeln von Lösungsansätzen erleichtert. Durch das bewusste Zulassen auch von auf den ersten Blick unsinnigen Einfällen wird das gesamte Potenzial der Kreativität ausgeschöpft. Zu diesem Zweck kann aus verschiedenen Varianten von Brainstorming (siehe die Abbildung auf Seite 80) ausgewählt werden.

Praktische Umsetzung

Klassisches Brainstorming

Beim klassischen Brainstorming sollte die Gruppe mindestens fünf, aber maximal sieben Teilnehmer umfassen und aus einem Moderator, einem Protokollanten und den restlichen Gruppenmitgliedern bestehen. Nach Vorstellung, Analyse und Definition des Problems beginnt das eigentliche Brainstorming, das in der Regel zwischen 10 und 30 Minuten dauert. Der Moderator hat die Aufgabe,

- die Gruppe in das Problem einzuführen.
- auf die Einhaltung der Brainstorming-Regeln zu achten.
- stille Teilnehmer zu aktivieren, dominierende zu dämpfen.
- durch Reizfragen nachlassende Ideenflüsse zu stimulieren.
- darauf zu achten, dass sich die Gruppe nicht vom Thema entfernt.
- das Ende der Brainstorming-Sitzung anzusagen.

Der Protokollant verfolgt dabei genau die Beiträge der Teilnehmer und hält das Wesentliche als Destillat fest.

Brainstomp

Hier ist Rhythmus das zentrale Element. Die linke Gehirnhälfte wird mit der rechten zusammengeschaltet, um den Ideenfindungsprozess im Team zu einem kreativen Erlebnis zu machen. Wesentliche Phasen hierbei sind:

- **Get Rhythm:** Der Prozess startet mit einer interaktiven Rhythmus-Session, die z. B. mit Percussion- und Schlaginstrumenten eingeleitet werden kann. Dadurch wird eine gewisse Auflockerung der Teilneh-

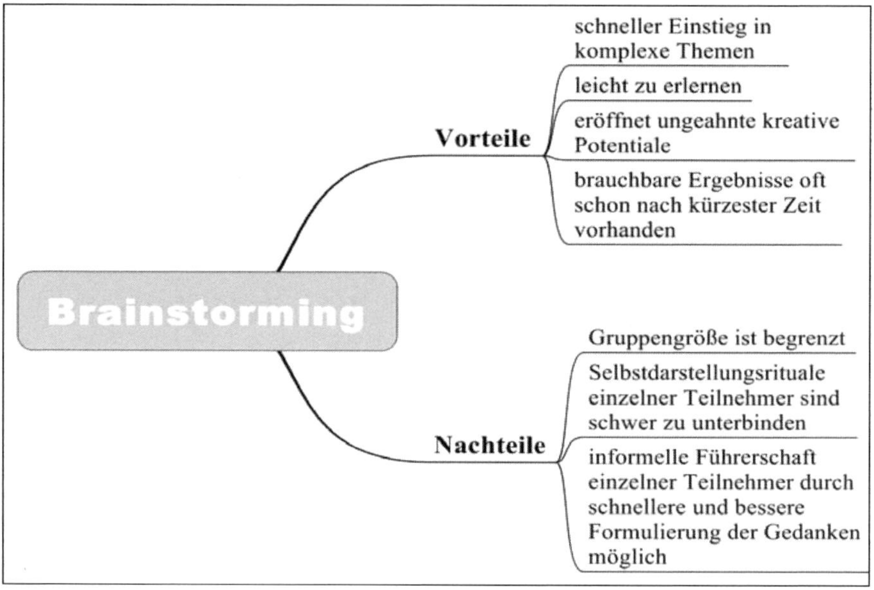

Vor- und Nachteile des Brainstormings

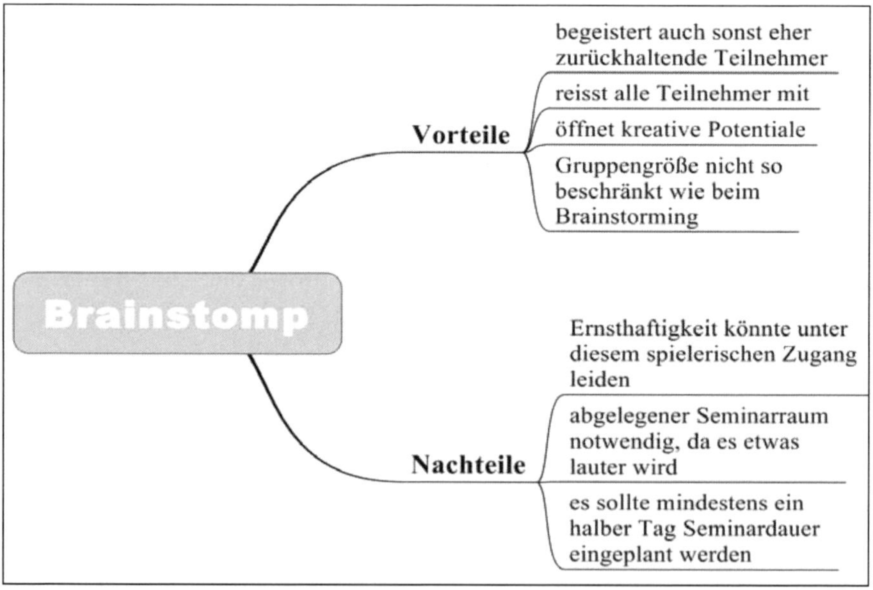

Vor- und Nachteile des Brainstomps

mer erreicht, die Konzentration erhöht und Offenheit für Neues gefördert.

- **Think out of the Box:** Durch die Umformulierung und Hinterfragung der Problemstellung wird der Blickwinkel erweitert und die Perspektive verändert.
- **Break the Rules:** Mit Hilfe von Leitfragen wie „Was wäre wenn?" und „Was ist heute unmöglich/undenkbar realisierbar?" werden verrückte Ideen entwickelt. Diese Einfälle werden auf Kärtchen notiert und auf einem Tisch gesammelt.
- **Turning it on:** In dieser Phase wird herausgefiltert, welche Ideen für gut befunden und weiterentwickelt werden.
- **Make it happen:** Nun werden die Ideen weiter verfeinert, visualisiert und diskutiert. Hilfreiche Fragen in dieser Phase sind „Was bringt uns diese Idee?" und „Wie soll weiter vorgegangen werden?"

Die Gruppengröße ist hier weniger von Relevanz, sollte aber trotzdem zwölf Teilnehmer nicht überschreiten.

Brainwalking

Beim Brainwalking werden Flipchartblätter im Raum aufgehängt, die alle das gleiche Thema haben. Die Teilnehmer verteilen sich in ungefähr gleich großen Gruppen vor diesen Blättern und schreiben ihre spontanen Einfälle und Lösungen zum Problem auf. Fällt ihnen nichts mehr ein, so können die Teilnehmer herumgehen und zu den anderen Einfällen ihre Assoziationen oder weitere Problemlösungen hinzufügen. Sobald niemand mehr etwas schreibt, ist die Brainwalking-Sitzung beendet und die Phase der Auswertung kann beginnen. Diese Art des Brainstormings eignet sich besonders für große Personengruppen.

Imaginäres Brainstorming

Beim imaginären Brainstorming wird das Problem durch eine radikale Veränderung der Rahmenbedingungen verfremdet. Damit will man erreichen, dass sich die Teilnehmer von festgefahrenen Vorstellungen lösen. In einem ersten Schritt stellt der Moderator das Problem vor und hält die entscheidenden Rahmenbedingungen fest (z. B. begrenzte Ressourcen). Dann werden die Rahmenbedingungen des Problems vom Moderator ra-

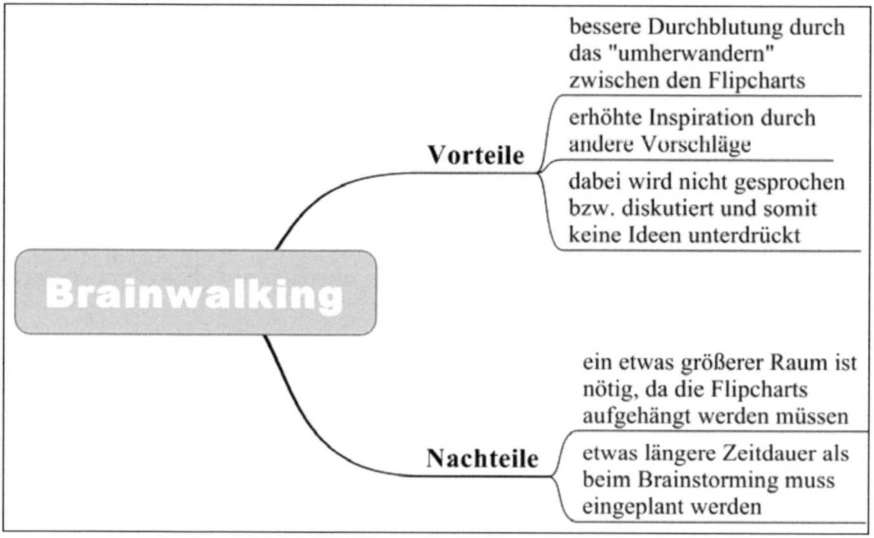

Vor- und Nachteile des Brainwalkings

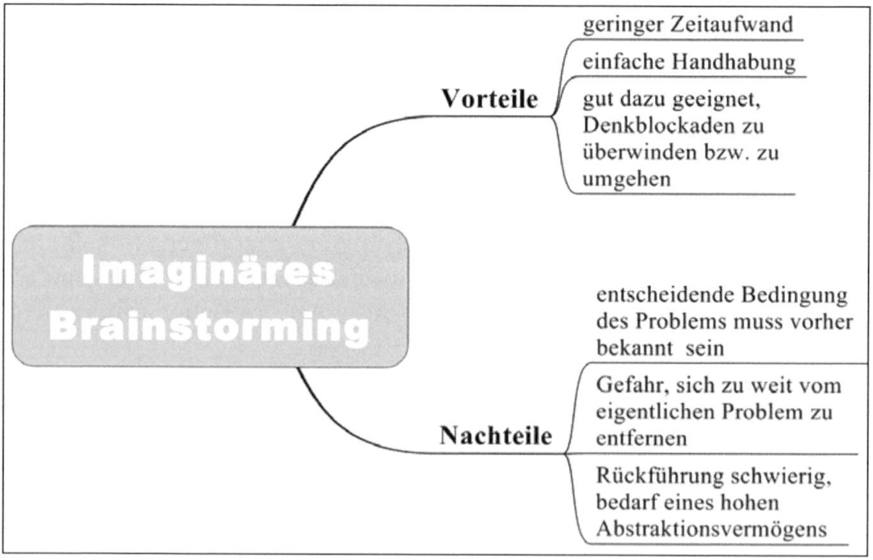

Vor- und Nachteile des imaginären Brainstormings

dikal verändert (z. B. unbegrenzte Ressourcen). Anschließend kann zum Beispiel ein klassisches Brainstorming durchgeführt werden. Zum Schluss werden in einer offenen Diskussion die gefundenen Lösungsansätze auf die reale Problemstellung zurückgeführt.

Brainwriting

Brainwriting ist eine Variante des Brainstormings, die sich auf die schriftliche Form fokussiert. Ideen werden in Formulare eingetragen oder ganz einfach auf Zetteln spontan niedergeschrieben und im nächsten Schritt bewertet, weiterentwickelt bzw. vertieft. Die Individual- und Gruppenbeiträge werden zum Schluss zusammengeführt.

Beim Brainwriting gibt es verschiedene Ausprägungen:

- **Brainwriting Pool:** Die Teilnehmer sitzen um einen runden Tisch und schreiben die Ideen auf Kärtchen. Diese werden offen in die Mitte gelegt, sodass sie jeder lesen kann und damit weitere kreative Impulse für die anderen Gruppenmitglieder generiert werden.
- **Methode 635:** *6* Teilnehmer versuchen, je *3* Ideen in *5* Minuten pro Durchgang zu generieren. Dabei schreibt der erste Teilnehmer drei Ideen auf einen Zettel und reicht ihn weiter. Der nächste greift die Ideen des Vorgängers auf und trägt weitere drei Lösungsvorschläge ein und so weiter.
- **Methode 423:** Diese Methode ist dieselbe wie die Methode 635, nur mit *4* Teilnehmern, *2* Ideen und *3* Minuten pro Durchgang.

Während der Schreibphase wird nicht diskutiert oder kritisiert. Sind alle Vorschläge abgegeben, werden die besten Lösungen herausgefiltert und weiter verfeinert.

Wichtig

Wesentlich für alle Varianten des Brainstormings ist die richtige Gruppengröße: Ist die Gruppe zu klein, ist das assoziative Potenzial für einen ausreichenden Ideenfluss zu gering. Ist die Gruppe zu groß, muss mit kommunikativen Störungen gerechnet werden.

Das Ergebnis einer Sitzung hängt auch sehr von der Qualität des Moderators ab. Er lenkt die Geschehnisse durch eine gut vorbereitete Präsenta-

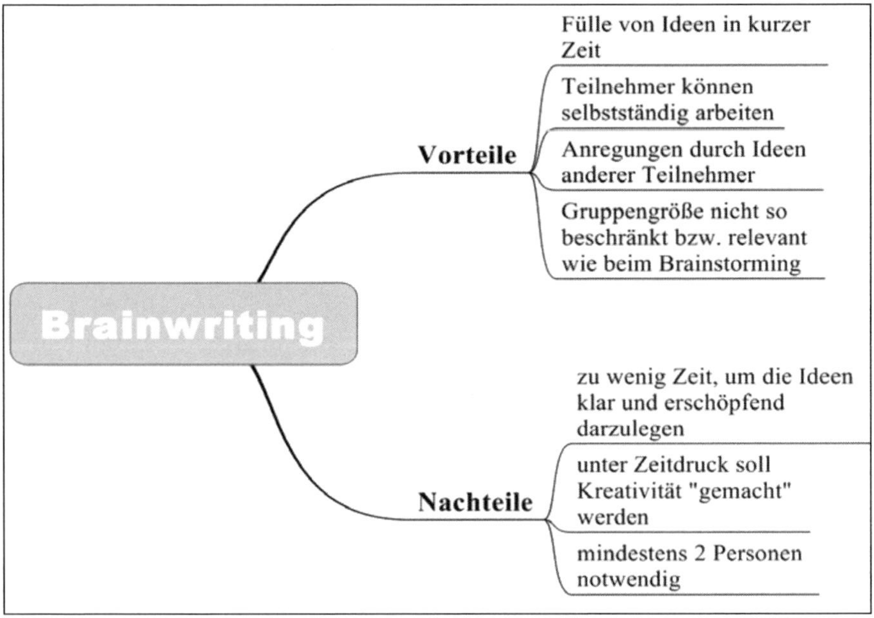

Vor- und Nachteile des Brainwritings

1. Jede Kritik oder Wertung wird auf eine gesonderte, nachfolgende Phase verschoben, um den Ideenfluss nicht zu unterbrechen oder Teilnehmer zu blockieren.

2. Ideen anderer Teilnehmer können und sollen aufgegriffen und durch das Hinzufügen eigener Überlegungen weiterentwickelt werden. Es besteht kein individuelles Urheberrecht an Ideen.

3. Die Teilnehmer können und sollen ihrer Phantasie freien Lauf lassen und auch halbfertige oder spekulative Beiträge äußern.

4. Es sollen möglichst viele Ideen in kurzer Zeit produziert und kurz und prägnant festgehalten werden. Dadurch gewinnt der Gedankenfluss an Spontaneität.

Die vier Grundregeln des Brainstormings

tion von Problemstellung und Zielformulierung und weiter durch Reizfragen, die eine Vielfalt an Ideen provozieren. Daneben unterbindet er die Dominanz einzelner Gruppenmitglieder und kontraproduktive Fachdiskussionen.

Zur Verdeutlichung, insbesondere von technischen Ideen, ist es wichtig, so viel wie möglich zu visualisieren und aufzuzeichnen.

Technische Voraussetzungen/Hilfsmittel

Grundsätzlich sind keine Hilfsmittel außer einem Bogen Papier, Papierkärtchen, eventuell ein Flipchart und Schreibzeug notwendig. Beim Brainstomp werden Percussion-Instrumente benötigt.

Zusammenfassung

Brainstorming und seine Varianten sind geeignete Werkzeuge, um einen schnellen Einstieg in komplexe Themen und Problematiken zu schaffen. Dabei sind jedoch keineswegs fertige Lösungen zu erwarten, sondern diese Werkzeuge liefern „Ideen-Rohmaterial“, das in einem zweiten Schritt vertieft werden muss. Die Methoden sind leicht zu erlernen, da man den Teilnehmern den Sinn und die Spielregeln rasch vermitteln kann.

Chat

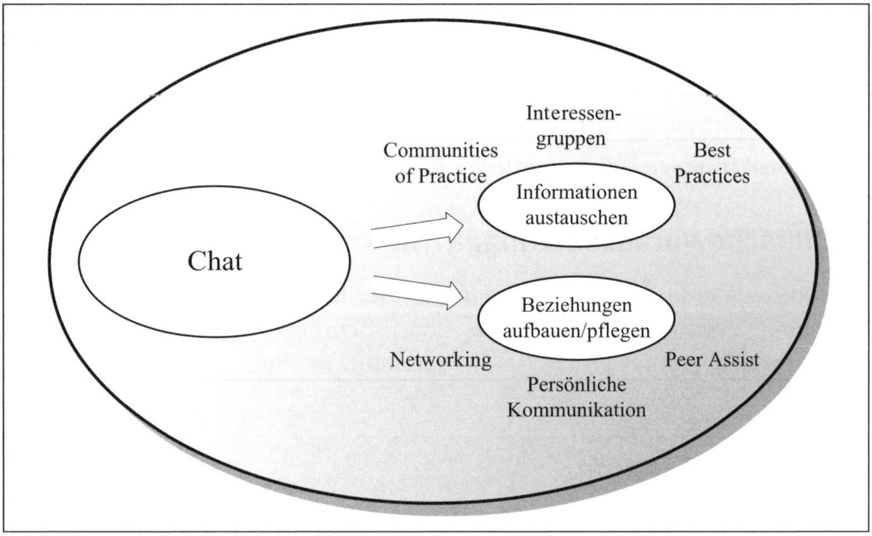

Wichtigste Eigenschaften und verwandte Werkzeuge

Beispiel-Bildausschnitt aus Second Life: 3D-Chat mit Avataren (grafische Stellvertreter der interagierenden Personen)

Charakteristik

Unter *Chat* (engl. „Plauderei“) versteht man eine synchrone Kommunikation im Internet. Man tippt kurze Nachrichten, die sofort auf den Bildschirmen aller Chat-Teilnehmer angezeigt werden.

Praktische Umsetzung

Man unterscheidet beim Chat allgemein zwischen jenen Arten, die auf spezieller Software basieren (z. B. *3D-Chat*), und jenen, die mit Betriebssystem-Bordmitteln auskommen (z. B. *Text-Chat*). Der Einstieg in den Chat erfolgt über die Chat-Software oder die Einstiegsseite des Betreibers. Chatrooms werden von Moderatoren überwacht, die den Inhalt der Dialoge und die Umgangsformen (Chatiquette) beobachten.

Wichtig

Beim Chat sollte man schnell und präzise formulieren und vor allem kurze Sätze verwenden, damit der Gesprächsfluss nicht ins Stocken gerät. Ein Chatraum ist ein offenes Medium – die Gefahr von Datenmissbrauch ist auf jeden Fall gegeben. Der klassische textbasierte Chat wächst zunehmend mit Voice over IP, Instant Messaging (z. B. Live Messenger), 3D-Chat (z.B. Second Life) und ausgefeilten Telefoniediensten (z.B. Skype) zusammen, die ein Bündel an Kommunikationsarten und -diensten anbieten.

Technische Voraussetzungen/Hilfsmittel

Zum klassischen „Chatten“ ist ein Computer mit Internetzugang und eventuell ein Clientprogramm notwendig.

Zusammenfassung

Das „Chatten“ wird vorwiegend eingesetzt, um neue Kontakte zu knüpfen und unkompliziert (zum Teil auch spielerisch) Informationen auszutauschen. Im Gegensatz zum E-Mail, das eine asynchrone Kommunikationsform darstellt, gleicht der Chat einem Gespräch, wobei die Kommunikation im klassischen Sinne auf das geschriebene Wort beschränkt bleibt.

Clustering

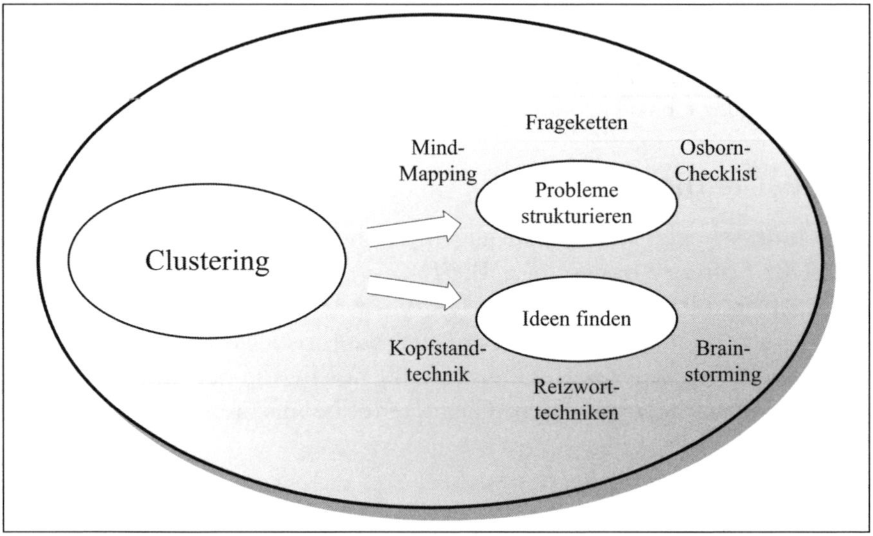

Wichtigste Eigenschaften und verwandte Werkzeuge

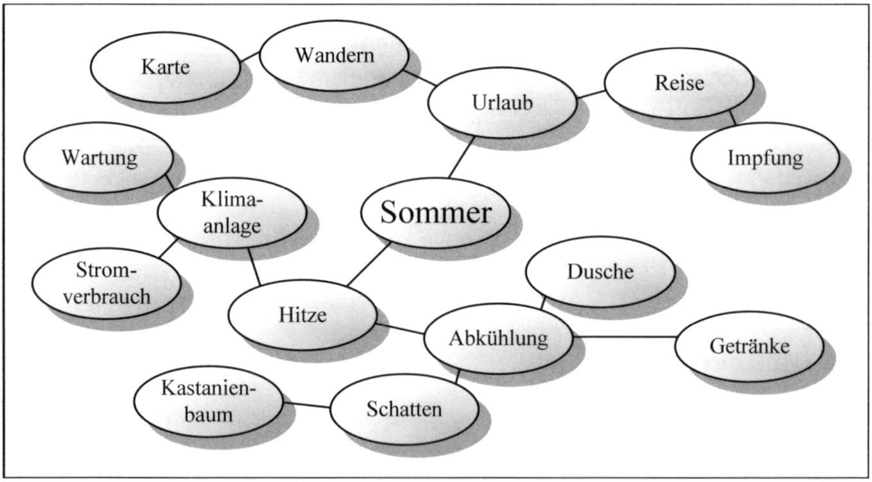

Beispiel für die Anwendung von Clustering zum Kernbegriff „Sommer“

Charakteristik

Clustering ist eine Methode zur kreativen Ideenfindung, ähnlich dem Brainstorming und Mind-Mapping. Clustering basiert auf einem gelenkten assoziativen Verfahren. Diese Methode kann alleine oder in Gruppen durchgeführt werden, wobei die Gruppengröße nicht mehr als drei bis fünf Personen betragen sollte.

Praktische Umsetzung

In der Vorbereitung werden die benötigten Arbeitsmaterialien bereitgestellt. Als Nächstes wird der Kernbegriff formuliert, in die Mitte des Blattes geschrieben und eingekreist. Dann erfolgt eine Phase des Treibenlassens der Gedanken, damit sich erste Assoziationen zum Kernbegriff einstellen können. Dies funktioniert besonders gut mit geschlossenen Augen. Die ersten Einfälle werden auf das Blatt geschrieben, umrahmt und miteinander durch Striche verbunden, sofern sie zusammengehören. Es können aber auch einzelne Ideen unverbunden stehen bleiben. In der nächsten Phase kommt man wieder auf den Kernbegriff zurück und beginnt mit einer neuen Assoziationskette.

Wichtig

Die Anwender sollten über Erfahrung mit kreativen Methoden und Prozessen verfügen und sich genug Zeit nehmen, um sich auf die Durchführung einzustimmen.

Technische Voraussetzungen/Hilfsmittel

Als Hilfsmittel benötigt man Papier – groß genug wählen (A3 für Einzel-, Packpapier für Gruppenclustering) – und ausreichend Farben.

Zusammenfassung

Clustering ist die bildhafte Darstellung von Assoziationen und besonders gut geeignet zur Strukturierung von Themen und Ideenfindung. In einem gesteuerten Ablauf werden zu einem Kernbegriff durch Assoziation Begriffe gefunden und die Zusammengehörigkeit als Kette dargestellt.

Clustering-Maschine

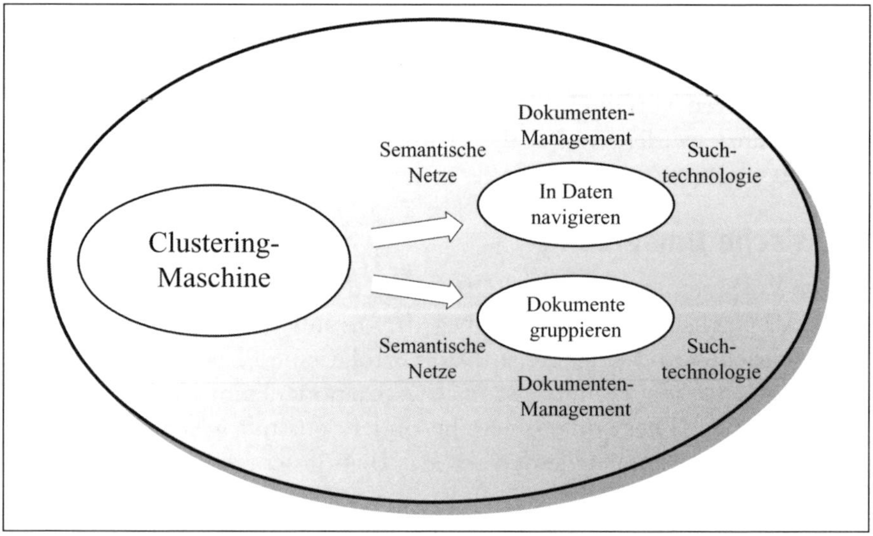

Wichtigste Eigenschaften und verwandte Werkzeuge

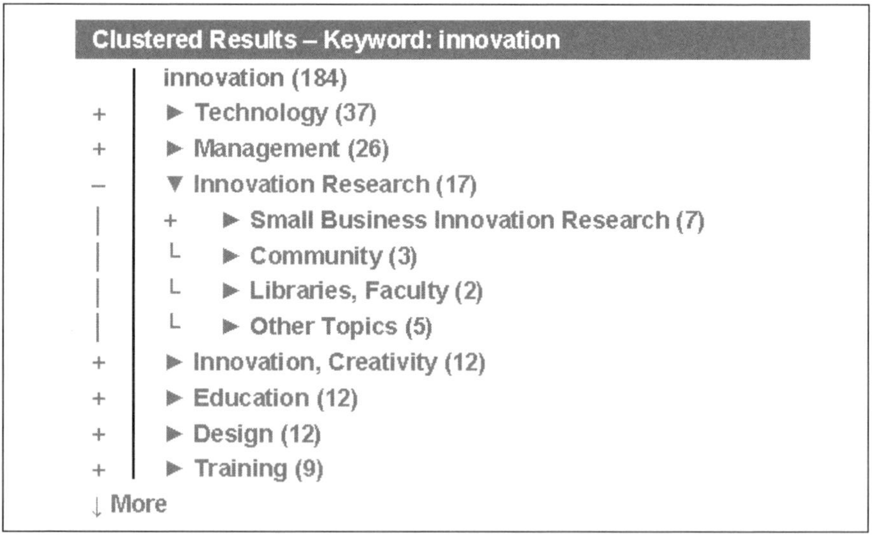

Gruppierung von Suchergebnissen durch eine Clustering-Maschine im Internet am Beispiel der Suche nach dem Begriff „Innovation“

Charakteristik

Unter „Clustering-Maschine“ versteht man ein Computerprogramm, das unter Verwendung von mathematischen Algorithmen Informationen in Gruppen mit ähnlichen Dokumenten zusammenfasst. Im Unterschied zur Kategorisierung sind beim Clustern die einzelnen Gruppen nicht vordefiniert.

Clustering-Maschinen helfen, im Internet und in großen Firmennetzwerken einen schnellen Überblick über logische Gruppen zu einem Themengebiet zu erhalten.

Praktische Umsetzung

Da es sich bei Clustering-Maschinen um Computerprogramme handelt, ist der entscheidende Schritt die Auswahl des Programmpaketes, das die Anforderungen am besten erfüllt.

Clustering-Maschinen im Internet sind über einen Web-Browser (Internet-Explorer, Netscape Navigator, ...) zugänglich.

Wichtig

Clustering-Maschinen bieten vor allem bei großen Datenmengen und sich schnell verändernden Systemen Vorteile. Für statische Systeme ist eine Kategorisierung der Dokumente vorzuziehen.

Technische Voraussetzungen/Hilfsmittel

Für die Verwendung von Internet-Clustering-Maschinen bedarf es lediglich eines Internetzuganges.

Für den Aufbau eines eigenen Systems sind ein entsprechendes Software-Paket und der Zugang zu den relevanten Dokumenten erforderlich.

Zusammenfassung

Clustering-Maschinen helfen, einen Überblick über logische Gruppen von Dokumenten zu einem bestimmten Thema zu erhalten. Diese Gruppen werden dynamisch aus der Fragestellung mittels eines mathematischen Algorithmus erstellt.

Communities of Practice

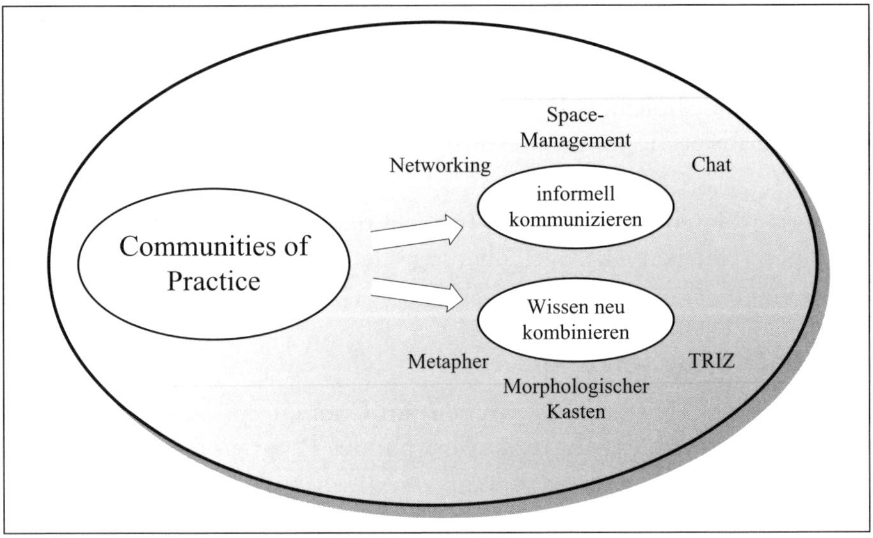

Wichtigste Eigenschaften und verwandte Werkzeuge

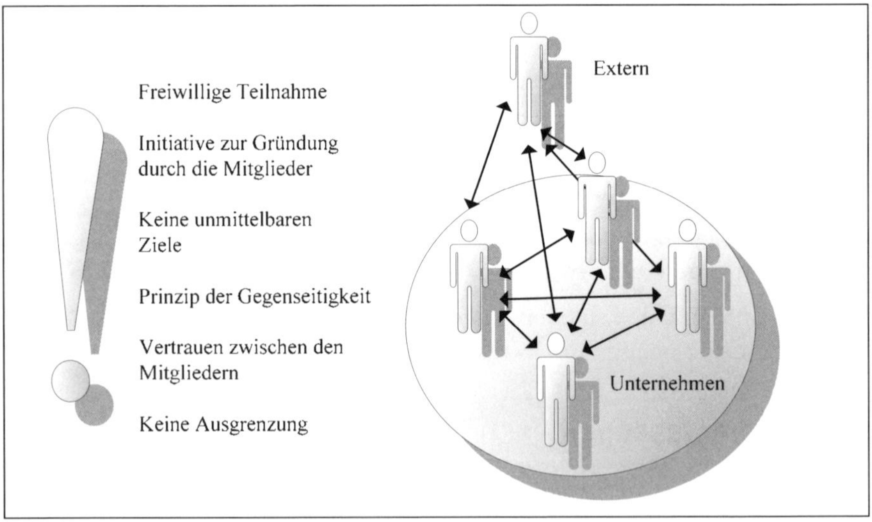

Struktur und Erfolgsfaktoren von Communities of Practice

Charakteristik

Communities of Practice (CoPs) repräsentieren informelle, soziale Netzwerke innerhalb einer Organisation, aber oft auch über Unternehmensgrenzen hinweg. Die Mitglieder solcher Gemeinschaften sind in verwandten Bereichen tätig und tauschen untereinander Erfahrungen und erfolgreiche Problemlösungsstrategien aus. Oftmals wird dabei die Entwicklung neuen Wissens initiiert, indem vorhandene Erkenntnisse neu kombiniert werden.

Praktische Umsetzung

Die Aufgabe des Managements bei der Bildung von CoPs beschränkt sich auf die Unterstützung solcher Initiativen. In einem ersten Schritt werden bereits bestehende CoPs identifiziert und gefördert. In einem zweiten Schritt wird die Bildung neuer Communities forciert und die Kooperation zwischen verschiedenen CoPs angeregt.

Hilfestellung kann dabei durch die Bereitstellung von technischer Infrastruktur (Videokonferenzsysteme, Intra- und Internetplattform usw.) und Räumlichkeiten erfolgen. Die finanzielle und organisatorische Unterstützung der Aktivitäten sowie die Anerkennung des Engagements in einer CoP als Arbeitszeit setzen ebenfalls ein wesentliches Signal.

Wichtig

Für den Erfolg einer CoP ist eine Reihe von Faktoren maßgeblich – die wesentlichsten Faktoren werden in nebenstehender Darstellung aufgezählt.

Technische Voraussetzungen/Hilfsmittel

Die benötigten Hilfsmittel hängen von den konkreten Bedürfnissen der CoP ab.

Zusammenfassung

CoPs begünstigen die Kommunikation und den Austausch von Wissen innerhalb einer Interessengruppe. Die Bildung solcher Netzwerke muss von ihren Mitgliedern ausgehen, von Unternehmensseite sollten entsprechende Ressourcen bereitgestellt werden.

Data Mining

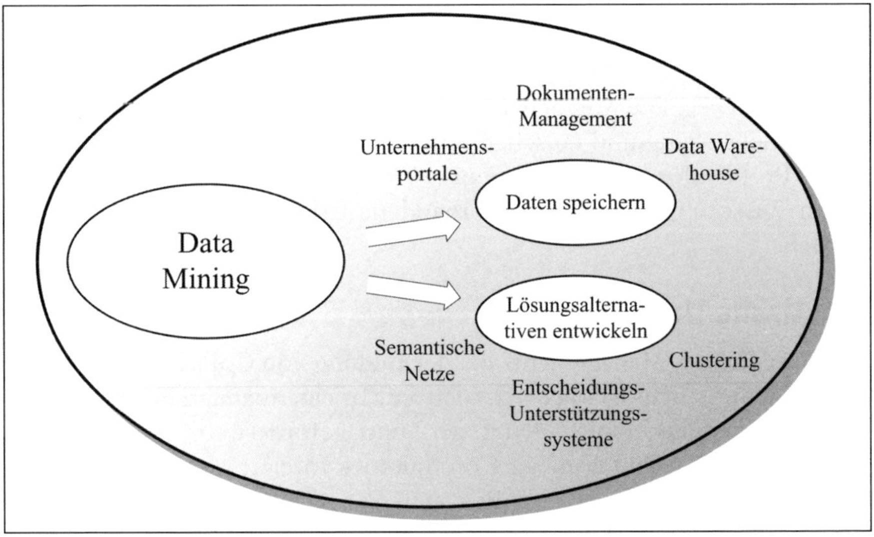

Wichtigste Eigenschaften und verwandte Werkzeuge

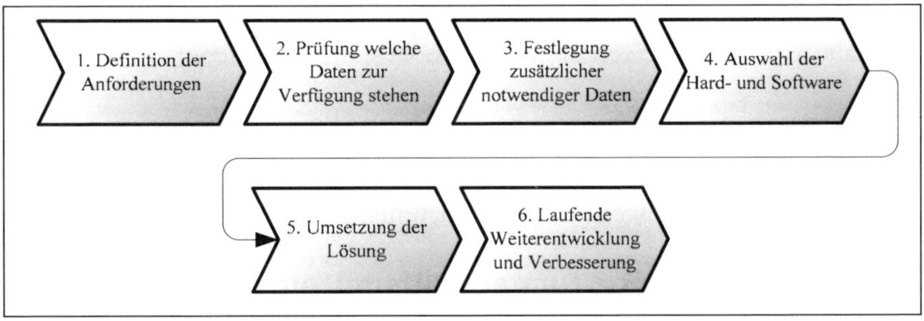

Einsatz einer Data-Mining-Lösung

Charakteristik

Data Mining findet Einsatz in allen Unternehmens- und Aufgabenbereichen, in denen Entscheidungen getroffen werden müssen. Unter diesem Begriff versteht man die Suche nach Zusammenhängen in großen Datenmengen bzw. -banken.

Entscheidungen auf Basis von Zahlen zu fällen, ist ein wesentlicher Faktor zur Risikominimierung in Organisationen. Es sind zahlreiche Daten und Informationen in allen Unternehmen vorhanden bzw. zusätzlich über das Internet zu erfragen. Das Problem besteht in der Auswertung und Strukturierung der Informationen, um auf dieser Basis Entscheidungen treffen zu können. Um dieser Forderung nachzukommen, wurde Data Mining entwickelt. Die mit Data Mining erzeugten Hypothesen sind von Experten des jeweiligen Fachgebietes zu überprüfen, um daraus Schlüsse zu ziehen. Diese Experten sind meist Personen, die im Unternehmen Entscheidungen treffen oder Informationen für die Entscheidungsträger aufbereiten.

Mit Hilfe der Software wird auf bereits durchgeführte ähnliche Analysen zurückgegriffen. Unterstützt wird auch die noch vage Suche nach Informationen, wobei das Ergebnis der Selektion noch nicht bekannt ist. In diesem Fall durchsucht die Software im Unternehmen vorhandene Daten als auch externe Datenbereiche (Internet) auf Basis statistischer Methoden nach Gemeinsamkeiten bzw. Verbindungen. Der Suchende muss nicht unbedingt wissen, wonach er eigentlich sucht, sondern gewinnt durch die Arbeit mit den Daten einen Überblick über Zusammenhänge.

Praktische Umsetzung

Um Data Mining in einem Unternehmen einzuführen, sind nachstehende Fragen zu beantworten bzw. Schritte durchzuführen:

- Wer benötigt welche aufbereiteten Informationen im Unternehmen?
- Bestehende Hard- und Softwareinfrastruktur analysieren. In einer Matrix werden die vorhandenen den benötigten Informationen gegenübergestellt.
- Gap-Analyse: Welche Informationen stehen nicht in elektronischer Form zur Verfügung, und welche Informationen sind aus externen Datenbanken zu erfragen?

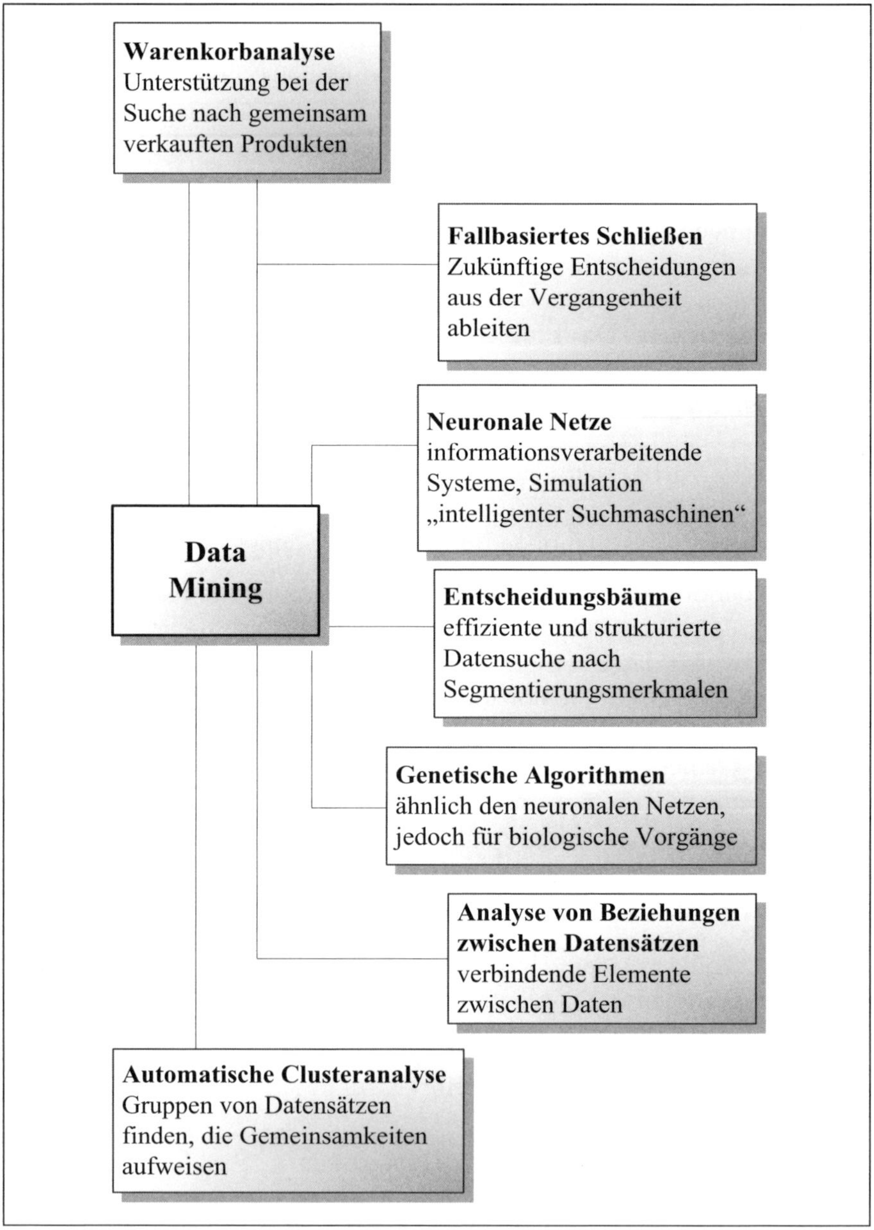

Werkzeuge des Data Minings

- Mit welcher Software können die benötigten Informationen aus den vorhandenen Datenbanken bearbeitet und analysiert werden (Software-Auswahl)?
- Umsetzung eines Implementierungsprojektes im Unternehmen unter Einbindung der späteren Benutzer. Festlegung der Projektziele und Messkriterien, um den Erfolg des Projektes abschließend prüfen zu können.

Wichtig

Im Vorfeld eines Data-Mining-Konzeptes ist ein Data Warehouse aufzusetzen. Erst danach kann eine Lösung, wie sie hier beschrieben ist, zur Anwendung kommen.

Technische Voraussetzungen/Hilfsmittel

Um Data Mining in einem Unternehmen umsetzen zu können, muss eine entsprechende Hard- und Software-Grundlage aufgebaut werden. Weiters müssen die Informationen in elektronischer Form zur Verfügung stehen.

Zusammenfassung

Data Mining dient zur strukturierten, aber auch unstrukturierten Suche nach Informationen.

Data Mining hilft bei der informationsbezogenen Aufbereitung von Entscheidungen.

Es müssen im Unternehmen bestehende IT-Strukturen vorhanden sein, um auf Daten zugreifen bzw. diese auswerten zu können. Mit Data Mining können Informationen für differenzierte Aufgaben und die Steuerung im Unternehmen abgerufen (z. B. Analysen im Finanzbereich, Vertrieb, Marketing und in der Geschäftsführung) und Zusammenhänge erkannt werden.

Data Warehouse

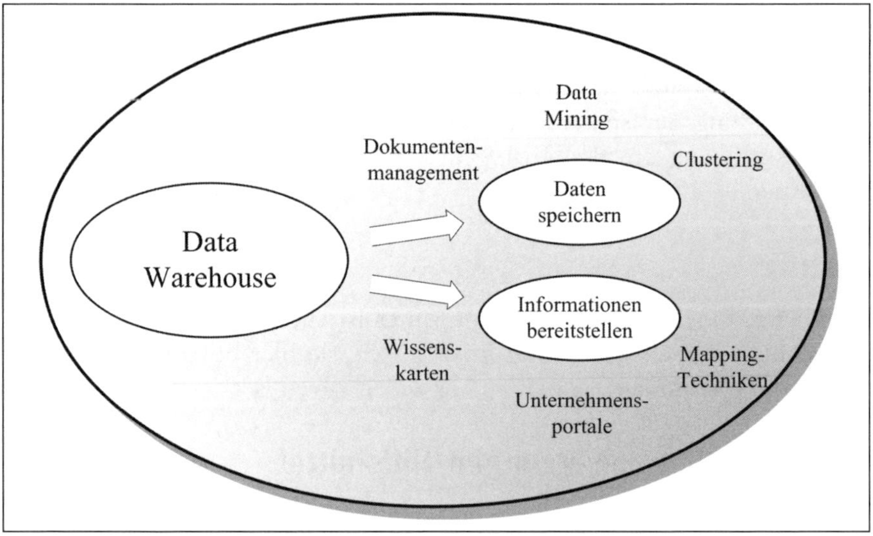

Wichtigste Eigenschaften und verwandte Werkzeuge

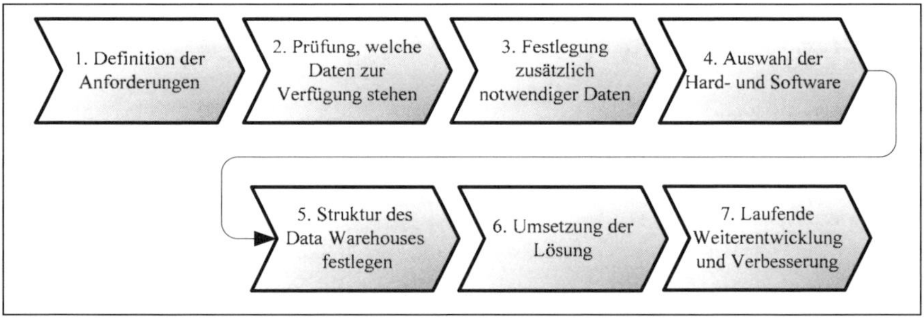

Umsetzungsprozess eines Data Warehouses

Charakteristik

Ein Data Warehouse (DW) ist ein elektronisches Speichersystem (Hard- und Software), in welchem alle wesentlichen Unternehmensdaten zentral zusammengeführt werden.

In Unternehmen stehen zahlreiche, meist unsortierte Daten und Informationen in den unterschiedlichsten IT-Systemen zur Verfügung (z. B. Office- oder ERP-Systeme). Diese Daten befinden sich für den Standardanwender einer IT-Lösung nicht in einem direkten Zugriff, daher werden sie in einem Data Warehouse gesammelt, konzentriert und so aufbereitet, dass sie für alle berechtigten User strukturiert abrufbar sind.

Ein Data Warehouse besteht aus folgenden drei Grundbereichen:

- Dem Datenmanagement, welches sich mit der Datenbereitstellung, der Auswahl und Umwandlung in das DW auseinandersetzt.
- Der Datenorganisation, die sich mit der Ablage der Daten in physischer und logischer Form beschäftigt.
- Der Auswertung und Aufbereitung der Daten sowie der Struktur und Darstellung, durch die die Daten den Usern zur Verfügung gestellt werden.

Zusätzlich können intern relevante Daten aus einem externen Informationssystem in ein Data Warehouse integriert werden, um Auswertungen aus intern verfügbaren Daten mit zusätzlichen Informationen zu ergänzen.

Um den Benutzern die Suche und die Verknüpfung von Daten zu vereinfachen, werden Abfragen nach definierten Anforderungen, Bereichen oder Personen zusammengefasst und in einer vorbereiteten und leicht abrufbaren Form zur Verfügung gestellt.

Praktische Umsetzung

In einem ersten Schritt ist zu hinterfragen, wer im Unternehmen welche Informationen (Definition des Ziels) benötigt. Im zweiten Schritt sind Daten und Informationen in bereits vorhandenen Systemen und Datenpools nach Qualität, Struktur und Menge zu prüfen.

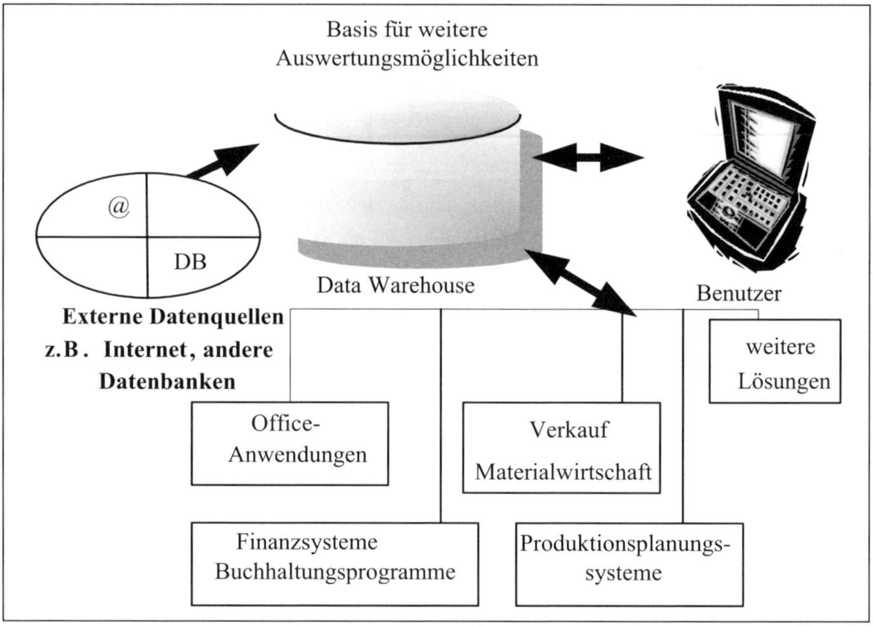

Anwendungsbeispiel eines integrierten Data Warehouses

Daten:

→ Aus eigenen IT-Systemen
→ Aus externen IT-Systemen
→ Von anderen Informationsquellen

Nutzen:

→ Alle Unternehmens-/Entscheidungsdaten in einem gemeinsamen Datenpool
→ Schneller Zugriff auf die Daten
→ Zusammengefasste Daten als Basis für Entscheidungen

Datenherkunft und Nutzen des Data Warehouses

Drittens wird die Frage beantwortet, welche Daten für die Erfüllung der definierten Anforderungen zusätzlich benötigt werden und wie die laufende Beschaffung dieser aktuellen Daten erfolgen soll. Im vierten Schritt erfolgt die Systemauswahl (Hard- und Software). Leitfrage ist hier, wie die Anforderungen am schnellsten, besten und zuverlässigsten erfüllt werden können.

Im fünften Schritt wird die notwendige Datenstruktur gemeinsam mit dem Berater durchgeführt. Abschließend wird das Projekt umgesetzt, wobei in der Realisierung die Grundlagen des Projektmanagements zu beachten sind. Nach erfolgreichem Projektabschluss wird die Lösung genutzt und kontinuierlich weiterentwickelt.

Wichtig

Bei der Entscheidung für ein Data Warehouse ist die einfache Integrierbarkeit der im Unternehmen vorhandenen Datenbasen mit der ausgewählten Software wesentlich. Moderne DW-Lösungen haben Schnittstellen zu Standardlösungen bereits integriert (ERP- oder Office-System).

Technische Voraussetzungen/Hilfsmittel

Zur Realisierung eines DW werden ein Server und eine entsprechende DW-Software benötigt.

Zusammenfassung

Ein Data Warehouse verknüpft Daten aus den unterschiedlichsten Informationssystemen und Datenbasen des Unternehmens und unterstützt damit den schnellen und einfachen Zugriff auf diese Informationen.

Ein Data Warehouse bildet damit die Grundlage für Systeme zur Entscheidungsunterstützung oder das Data Mining.

Debriefing

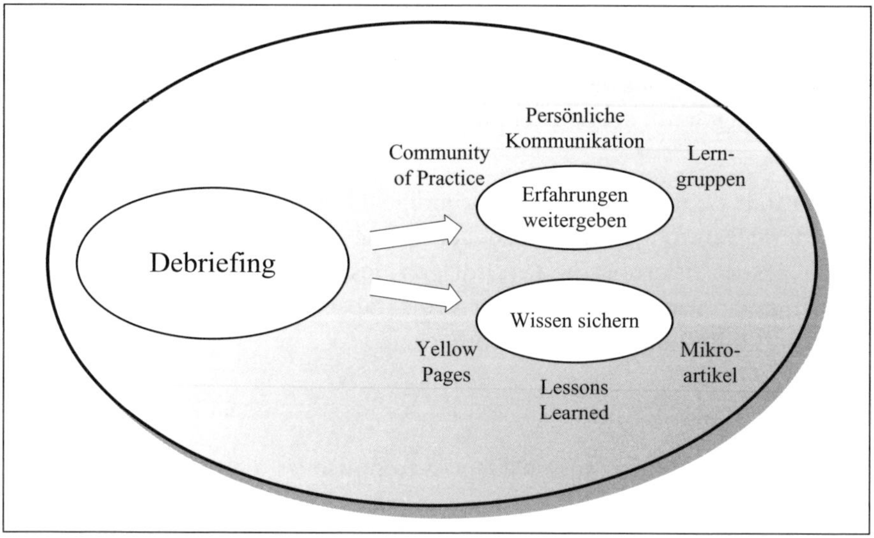

Wichtigste Eigenschaften und verwandte Werkzeuge

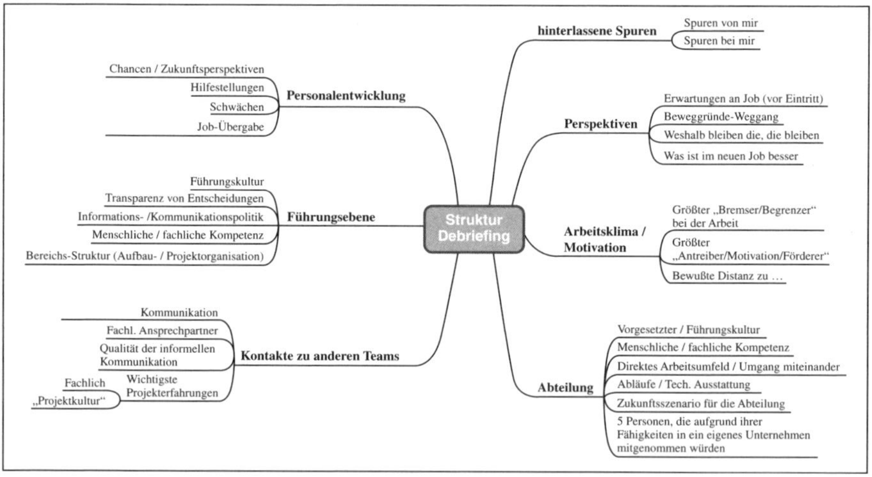

Beispielstruktur für das Debriefing eines Mitarbeiters, der aus dem Unternehmen ausgetreten ist

Charakteristik

Debriefings dienen dem Sichern von Wissen nach länger andauernden Tätigkeiten mit speziellem Fokus auf kulturelle und soziale Aspekte.

Sie werden nach Beendigung eines Projektes bzw. dem Austritt oder Arbeitsplatzwechsel eines Mitarbeiters durchgeführt.

Praktische Umsetzung

Debriefings werden meist mittels Fragebogen und strukturierten Interviews durchgeführt, wobei sich eine Kombination mit einer adaptierten Art des Story Tellings als Interviewtechnik als sehr effizient erwiesen hat.

Um die Emotionen in der Phase der Kündigung oder des Austrittes nicht zu dominant werden zu lassen, werden Debriefings zwei bis sechs Monate nach dem Ereignis, eventuell mit einem eigenen Moderator, durchgeführt.

Eine typische Struktur für den Fragebogen oder Interviewleitfaden ist aus der Grafik auf der linken Seite zu entnehmen. Erst das systematische Bereitstellen der aus den Debriefings gewonnenen Erkenntnisse schafft wirklichen Mehrwert.

Wichtig

Suggestiv-Fragen und voreingenommene Interviewer beeinflussen die Ergebnisse des Debriefings in unerlaubter Weise.

Technische Voraussetzungen/Hilfsmittel

Für die Durchführung von Debriefings sind keine technischen Hilfsmittel notwendig.

Zusammenfassung

Das Debriefing ist ein Werkzeug zum systematischen Sichern von kulturellem und sozialem Wissen.

Es wird vorwiegend in Form eines Fragebogens oder mittels eines strukturierten Interviews durchgeführt.

Decision Room

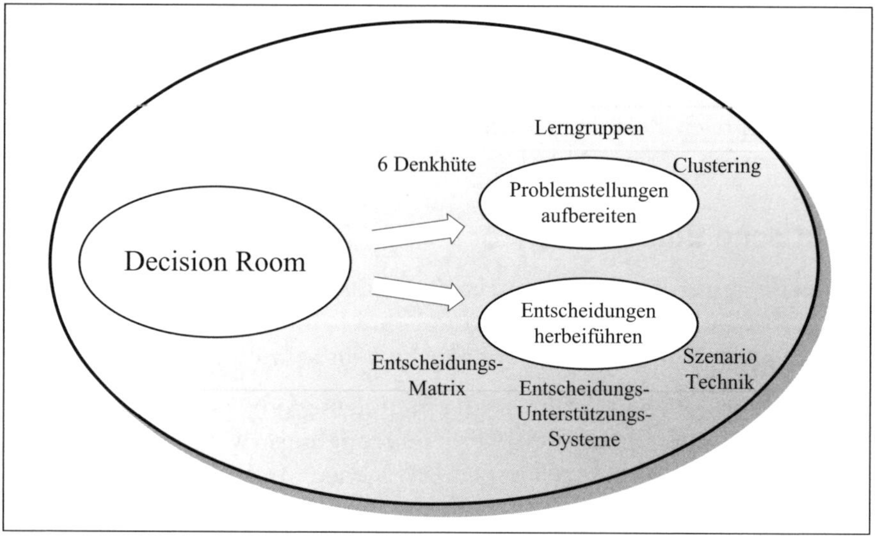

Wichtigste Eigenschaften und verwandte Werkzeuge

Szenario eines globalen, moderierten Entscheidungsmeetings

Charakteristik

Konkret geht es um die Etablierung eines Settings, in dem die Entscheidungsfindung elektronisch unterstützt werden kann. Anwendung findet dies beispielsweise in „Boardmeetings" oder Projektgruppensitzungen, in denen unterschiedliche Experten in möglichst kurzer Zeit qualifizierte Entscheidungen treffen müssen. Die Entscheidungen werden aufbereitet und der Weg und das Ergebnis selbst werden dokumentiert.

Praktische Umsetzung

Ein Decision Room befindet sich in der Regel außerhalb eines herkömmlichen Besprechungsraums und hält für jeden Teilnehmer einen Computer oder Laptop bereit. Daher sind entsprechende Hard- und Software-Voraussetzungen zu schaffen. Zusätzlich muss eine Entscheidungssitzung von einem qualifizierten Moderator begleitet werden, der die technischen Hilfsmittel und die Sitzung selbst moderiert.

Wichtig

Alle Teilnehmer müssen bereit sein, mit dieser Technik zu arbeiten. Im Falle global verteilt arbeitender Gruppen muss auf die Daten-/Kommunikationssicherheit bzw. den Datenschutz geachtet werden.

Technische Voraussetzungen/Hilfsmittel

Für die Umsetzung eines Decision Rooms sind je nach Anforderung unterschiedliche technische Hard- und Software-Module einzusetzen. Sind alle Entscheider in einem Raum, ist eine aktuelle Präsentationsraumausstattung notwendig und es sind zusätzliche Software-Tools zu installieren. Bei global verteilten Entscheidungsteams ist eine entsprechende webbasierte Lösung umzusetzen.

> **Zusammenfassung**
>
> Mit Decision Rooms können wichtige Unternehmensentscheidungen schneller und fundierter getroffen werden. In Decision Rooms werden mittels technischer Unterstützung und unterstützender Moderation Teams bei ihrem Weg zur Entscheidung begleitet.

Dokumentenmanagement

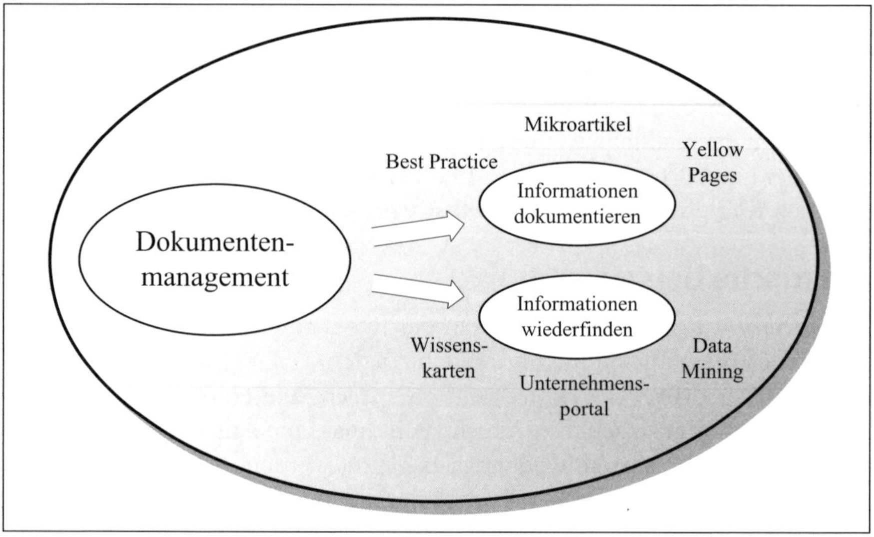

Wichtigste Eigenschaften und verwandte Werkzeuge

Statt auf Papier werden Dokumente in verschiedenen Formaten elektronisch archiviert.

Zu einem DMS gehört in der Regel ein Scanner, mit dem Dokumente, die nicht in elektronischer Form vorliegen, durch z. B. ein OCR-Verfahren (Optical Character Recognition/Texterkennung) elektronisch weiterverarbeitbar gemacht werden können.

Gespeicherte Dokumente werden indexiert, um das Wiederauffinden nach den vom Benutzer vorgegebenen Kriterien zu ermöglichen.

Ein DMS unterstützt die Volltextsuche durch alle Dokumente. Suchkriterien können eingegeben und ausgewählt bzw. kann die Suche um Kriterien erweitert werden.

Ein DMS verwaltet und dokumentiert Änderungen an gespeicherten Dokumenten als fortlaufende Versionen.

Ein DMS unterstützt die Arbeit im Team, da alle auf den letzten Stand der Dokumente zugreifen. Über Berechtigungskonzepte wird der Datenschutz gewährleistet.

Kerneigenschaften eines Dokumentenmanagement-Systems

Charakteristik

Unter Dokumentenmanagement versteht man die Verwaltung von Dokumenten in elektronischen Systemen, wobei mittlerweile auch Audio- und Videodaten eingebunden werden können. Berechtigungskonzepte, Kategorisierung und das Versehen der Dokumente mit Metadaten sind Herzstück eines Dokumentenmanagementsystems (DMS).

Praktische Umsetzung

Zur erfolgreichen Umsetzung eines DMS ist vor allem die Auswahl der geeigneten Software für das Unternehmen ausschlaggebend. Dabei ist von Vorteil, wenn die unzähligen Dokumente, die jeden Tag gespeichert werden, nach Jahren und Inhalten kategorisiert werden können (vorteilhaft für z. B. die Wirtschaftprüfung) – so wird der User ohne Verzögerungen fündig.

Wichtig

Bei der Eingabe der Metadaten ist das Erarbeiten von Schlagwortkatalogen ein kritischer Schritt. Der bei weitem häufigste Eintrag „Sonstiges" ist – um erfolgreiche und schnelle Suchvorgänge zu ermöglichen – zu vermeiden. Hier sollte sorgsam und genau angegeben werden, in welche Kategorie dieses Dokument gehört bzw. welche Schlagworte zum Dokument passen.

Technische Voraussetzungen/Hilfsmittel

Grundsätzlich ist eine moderne Infrastruktur mit geeigneter Software notwendig, wie z. B. eine Server-Client-Struktur des unternehmensinternen Computernetzes mit der Möglichkeit einer automatisierten Digitalisierung von Dokumenten.

Zusammenfassung

Das Dokumentenmanagement steht für die Verwaltung von Dokumenten auf elektronischer Basis. Durch Berechtigungs- und Datensicherheitskonzepte können Zugriffe und die oftmals gesetzlich vorgegebenen Archivierungszeiten gesteuert werden.

E-Learning

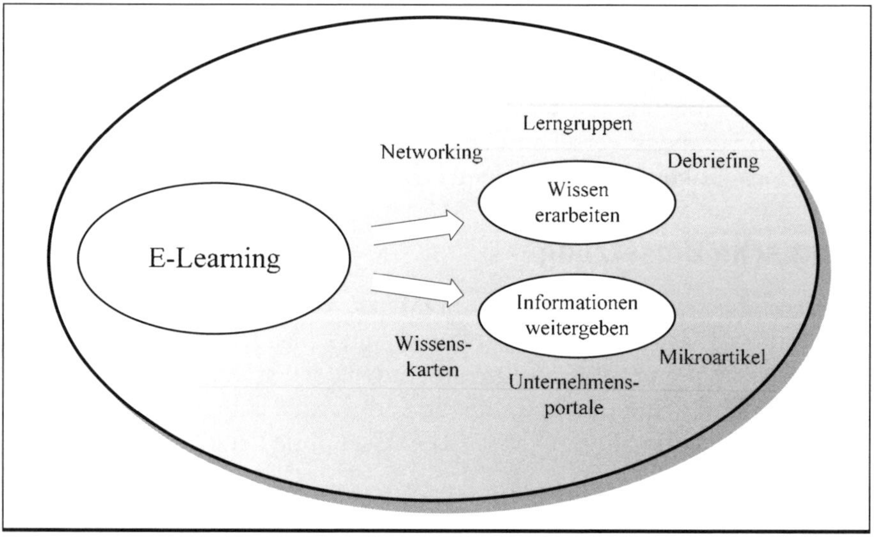

Wichtigste Eigenschaften und verwandte Werkzeuge

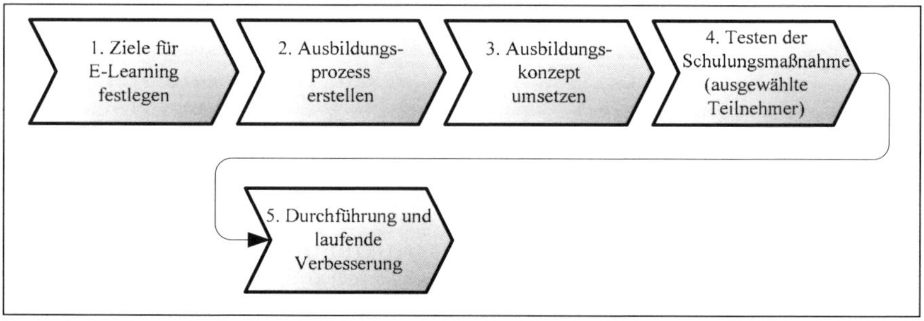

Umsetzungsprozess von E-Learning als Weiterbildungsunterstützung

Charakteristik

Der Bogen computerunterstützten Lernens (E-Learning) umfasst eine Vielzahl von Hard- und Softwaresystemen, die explizit zur Lernunterstützung erstellt wurden.

Die verschiedenen Ansätze lassen sich im betrieblichen Einsatz auf die nachstehenden reduzieren:

Trainingssysteme: Werden bei leicht erlernbaren Inhalten angewendet und bestehen in der Regel nur aus Fragen und einer Auswertung der Antworten. *Tutorielle Systeme*: Hier steuert das System das Lerngeschehen. Intelligente Systeme überprüfen den Lernfortschritt und gehen auf die möglichen Schwächen des Lernenden ein. *Lerngesteuerte Systeme*: Hier erfolgt nur ein Angebot an Inhalten, der Lernende ist selbst angehalten, die für ihn relevanten Informationen abzurufen und sich anzueignen. *Simulationen:* In diesem Modell entwickelt sich eine Eigendynamik zwischen System und Lernendem. Die Interaktion beeinflusst die Entwicklung des Systems und das Ergebnis. In dieses Umfeld fallen auch Planspiele, die sich einer immer größeren Beliebtheit zur Vertiefung von konventionell erlernten Inhalten erfreuen.

Praktische Umsetzung

Im ersten Schritt ist festzulegen, welche Ziele mit der E-Learning-Maßnahme erreicht werden sollen. Handelt es sich nur um die einfache Vermittlung von Informationen oder das Erlernen eines Vorgangs, ist die richtige Form der Informationsweitergabe zu wählen, z. B. mittels E-Mail.

Geht es darum, eine nachhaltige Veränderung der Lernenden durch computerunterstütztes Lernens zu erreichen, so sind zum einen Sequenzen der Informationsvermittlung (E-Learning) zu planen. Zum anderen ist es sinnvoll, persönliche Treffen der Teilnehmer zur direkten Kommunikation und zum Austausch der Erfahrungen zu organisieren. Zusätzlich ist die Möglichkeit eines ständigen Austausches, z. B. mittels E-Mail oder Chatforen, einzuplanen.

Wie bei allen Lernmaßnahmen ist auch in diesem Fall die Lernentwicklung zu messen, um für die Zukunft Erfahrungen zu sammeln.

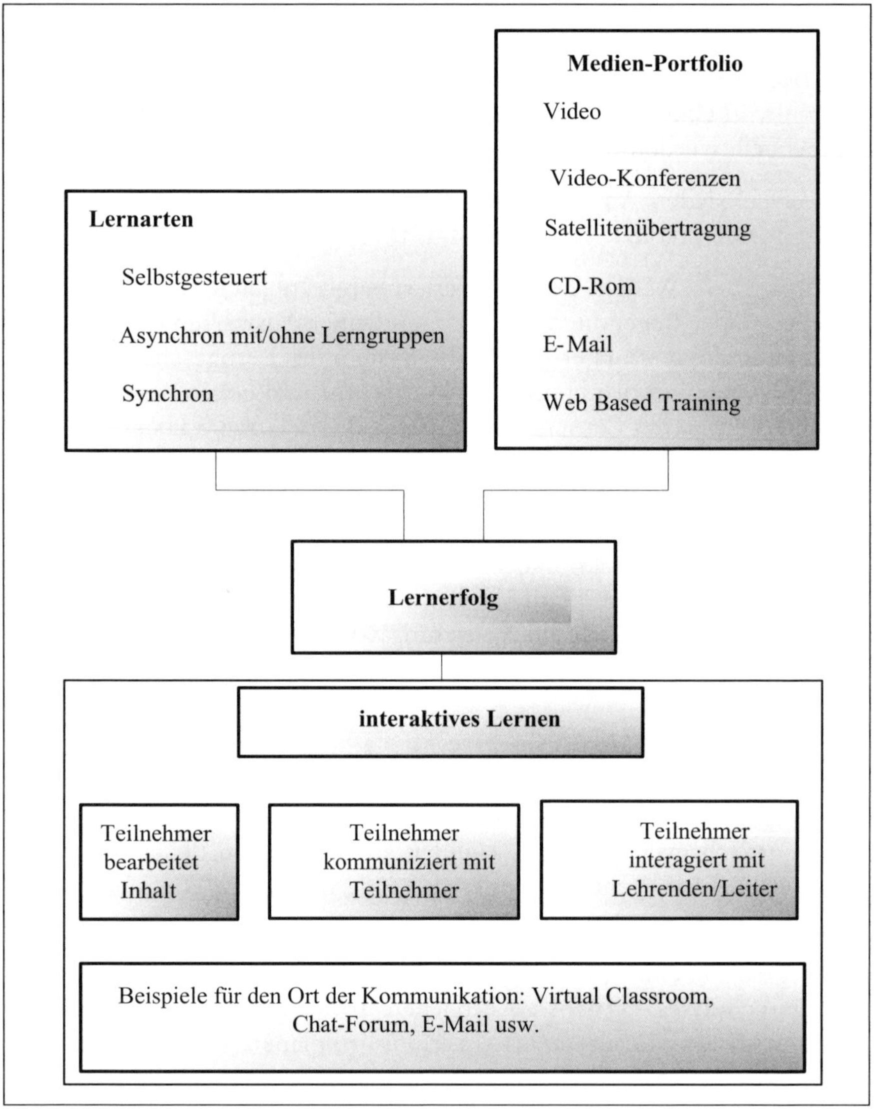

Formen und Medien des E-Learnings

Wichtig

Hypertext und Hypermedia: Dabei erfolgt zusätzlich die Einbindung von medialen Effekten wie Bildern, Ton und genereller Animation.

E-Mail: Damit besteht auch im Lernumfeld die Möglichkeit der Kommunikation, sowohl zwischen Lernenden untereinander wie auch mit den Lehrenden.

Usernet: Dies ist eine Art elektronischer Zeitung, auf die jeder der Teilnehmer zugreifen und in der seine Erfahrungen in Form von Leserbriefen mitteilen kann.

Technische Voraussetzungen/Hilfsmittel

Es wird ein Mindestmaß an technischen Hilfsmitteln, wie PC, entsprechende Software und ein direkter Zugang zum Internet mit einem E-Mail-Account, benötigt. Für den Aufbau eigener E-Learning-Plattformen muss eine entsprechende Infrastruktur von einem Provider gemietet oder selbst angeschafft werden.

Zusammenfassung

E-Learning ist eine gute Möglichkeit der gesteuerten Informationsvermittlung für Unternehmen.

Der eigenständige Aufbau ist sehr zeit- und kostenintensiv. Die Nutzung von bestehenden Plattformen ist zu überdenken.

Für interaktives und gemeinsames Lernen sind zusätzliche Begleitmaßnahmen, wie z. B. persönliche Treffen, einzuplanen.

Entscheidungsmatrix

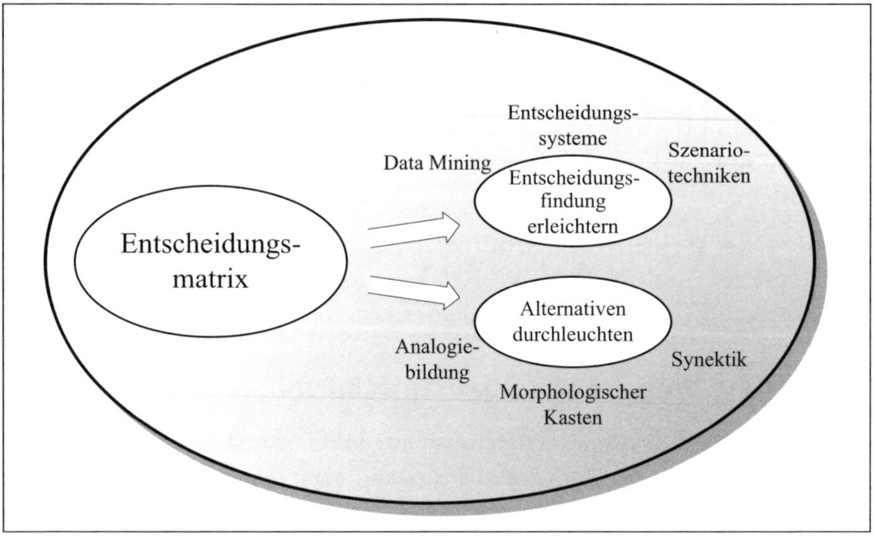

Wichtigste Eigenschaften und verwandte Werkzeuge

Alternativen / Kriterien	Alternative 1	Alternative 2	Alternative 3
Kriterium 1	9	3	3
Kriterium 2	2	2	3
Kriterium 3	5	1	3
Kriterium 4	7	10	5
Kriterium 5	6	4	7
Summe	29	20	21

Beispiel einer Entscheidungsmatrix mit Benotung von 1 bis 10

Charakteristik

Die Entscheidungsmatrix ist eine Möglichkeit, rationale Entscheidungen zu treffen. Verschiedene Lösungsvarianten eines Problems werden nach bestimmten Kriterien bewertet und damit die Entscheidungsfindung erleichtert.

Praktische Umsetzung

Zuerst müssen die für die Entscheidung relevanten Bewertungskriterien gefunden und knapp und präzise ausformuliert werden. Anschließend werden diese Kriterien mit einem Punktesystem bewertet. Dabei werden viele Punkte zugeteilt, wenn das Kriterium bei einer Entscheidungsalternative optimal erfüllt ist, und wenige Punkte vergeben, wenn es kaum erfüllt ist. In der letzten Zeile wird die Summe aller Bewertungen einer Alternative gebildet. Die Alternative mit der höchsten Summe ist jene, die die einzelnen Kriterien am besten erfüllt und daher in Betracht gezogen werden sollte.

Wichtig

Für diese Methode dürfen entweder nur positiv (je mehr, desto besser) oder nur negativ (je mehr, desto schlechter) formulierte Kriterien verwendet werden. Wenn positive und negative Kriterien gemischt werden, funktioniert die Entscheidungsmatrix nicht mehr, da sich die Punktebewertungen gegenseitig aufheben.

Technische Voraussetzungen/Hilfsmittel

Hierbei sind außer Schreibzeug und Papier keine Hilfsmittel notwendig.

> **Zusammenfassung**
>
> Die Entscheidungsmatrix wird dort angewandt, wo Entscheidungen nicht aus reinem Zahlen- oder Faktenmaterial heraus getroffen werden können. Die Bewertung der einzelnen Kriterien kann zusätzlich mit einer Gewichtung erfolgen, um eine noch differenziertere Aussage zu erreichen.

Entscheidungs-Unterstützungssysteme

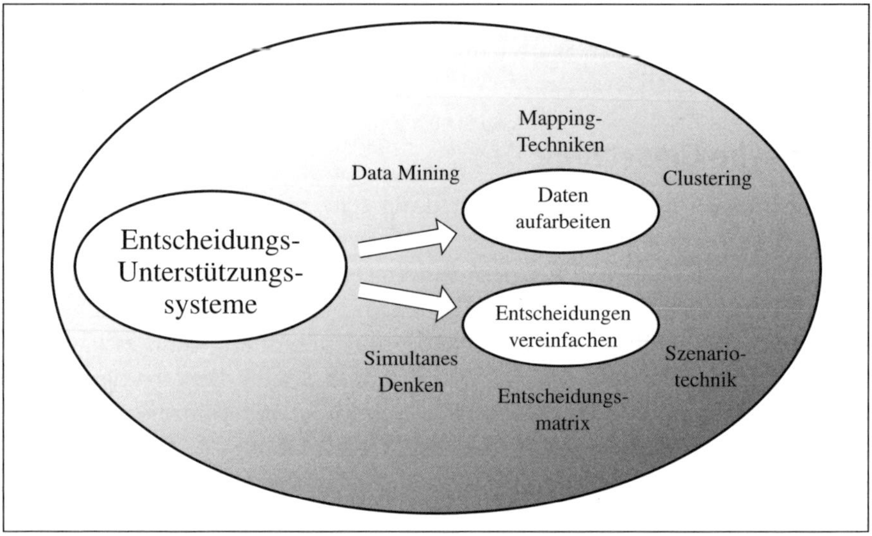

Wichtigste Eigenschaften und verwandte Werkzeuge

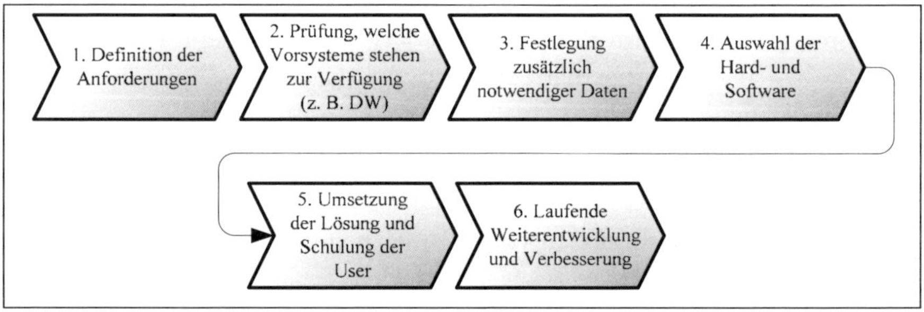

Umsetzungsprozess von Entscheidungs-Unterstützungssystemen

Charakteristik

Entscheidungs-Unterstützungssysteme (EUS; Decision support systems, DSS) sind IT-gestützte Lösungen, die für Führungskräfte beim Treffen von Entscheidungen in einem wenig strukturierten Umfeld hilfreich sind.

EUS bereiten die Daten mit Hilfe von Data Mining (als eigenes Werkzeug beschrieben) bzw. anderen Instrumenten unter Rückbeziehung auf Datenbanken auf. EUS sind für Entscheidungsträger in allen Unternehmensbereichen wichtig und stehen dem gesamten Management zur Verfügung. Sind Entscheidungen zu treffen, kann der Manager durch Simulationen seine Entscheidungsfindung unterstützen lassen und so eine auf Zahlen und Fakten beruhende Maßnahme setzen.

EIS (Executive Information Systems) analysieren und vergleichen die aktuellen Ergebnisse mit den Daten der Soll-Situation und geben so den Entscheidungsträgern Informationen über den Stand im Unternehmen (Umsatz, Deckungsbeitrag, Auftragsentwicklung usw.).

Praktische Umsetzung

Vor der Auswahl von Entscheidungs-Unterstützungssystemen sind der Nutzen des Projektes für das Unternehmen und die Unterstützungsleistung für Führungskräfte zu prüfen.

Nachstehende Schritte sind im Vorfeld der Realisierung und der Weiterentwicklung besonders wichtig:

- Umfeldanalyse im Vorfeld des Projektes (Notwendigkeit des Projektes, Betroffene, Anforderungen, Kosten, Daten aus Vorsystemen usw.)
- Festlegung der Anforderungen der angestrebten Lösung
- Erstellung eines Projektauftrages mit Zielen und messbaren Kriterien für den Erfolg des Projektes
- Implementierung der Lösung und Prüfung des Projekterfolges
- Laufende Verbesserung der eingeführten Lösung auf Basis der Benutzererfahrungen

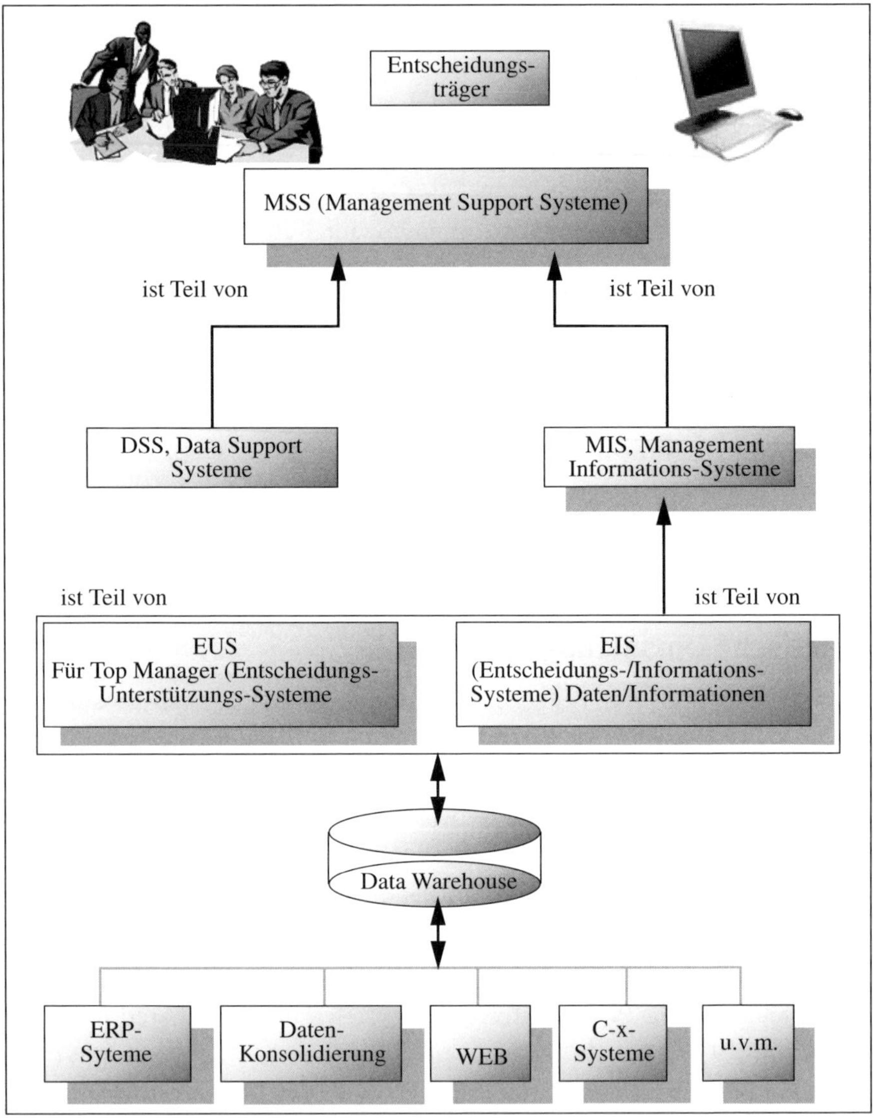

Informationslieferanten für Entscheidungs-Unterstützungssysteme

Wichtig

Die Daten, die in den unterschiedlichen IT-Systemen vorhanden sind, müssen korrekt sein. Um dies zu gewährleisten, ist dafür Sorge zu tragen, dass alle Mitarbeiter, die Daten in den Systemen verändern, sich dieser Notwendigkeit bewusst sind. Laufende Schulungsmaßnahmen unterstützen die Sicherung der Datenqualität.

Technische Voraussetzungen/Hilfsmittel

Für den Aufbau eines Entscheidungs-Unterstützungssystems bzw. eines MSS (Management Support Systems) sind entsprechende Hardware- und Software-Infrastrukturen aufzubauen. Die Kosten dafür sind je nach Anforderung und bestehender Systemlandschaft unterschiedlich.

Es gibt viele SW-Lösungen im Umfeld der Entscheidungsunterstützung. Sie sind grob in zwei Kategorien zu unterteilen in **integrierte** (Teil von ERP-Systemen z. B. Oracle, SAP) und in **ergänzende** (als Zusatz zur bestehenden Systemlandschaft, z. B. Cognos, MIS) Lösungen. Die Entscheidung, welche Anwendung eingesetzt werden soll, richtet sich meist nach der bestehenden SW-Landschaft.

Zusammenfassung

Entscheidungs-Unterstützungssysteme sind IT-gestützte Lösungen auf Basis von unternehmensinternen und -externen Daten und Informationen (z. B. ERP-System, Internet), die bei schwierigen Entscheidungen das Management unterstützen.

EUS und EIS sind Teile eines ganzheitlichen Management-Support-Systems, welches das Management sowohl bei der Entscheidungsfindung als auch bei der Informationsbeschaffung und -bewertung unterstützt.

Foren

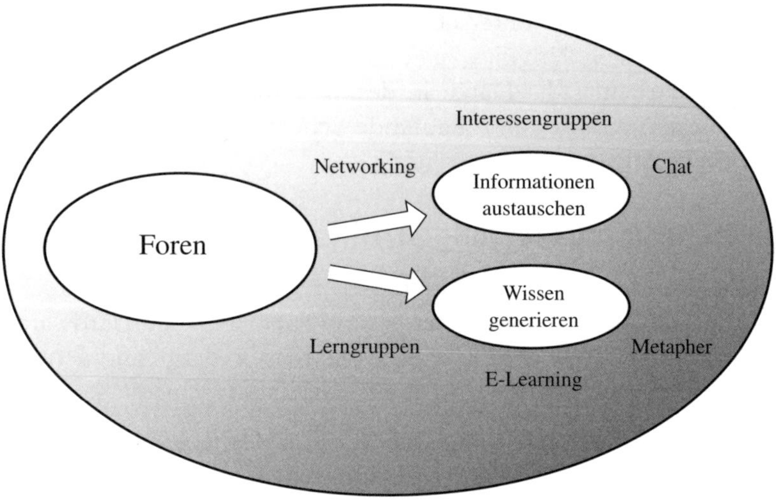

Wichtigste Eigenschaften und verwandte Werkzeuge

- Dateianhänge zu Beiträgen
- Einbindung von Smileys und Icons
- Archivierung von Beiträgen
- Zusammenfassung häufig gestellter Fragen (FAQ)
- Suchfunktionen in den Threads und Archiven
- Erstellung von Profilen der Mitglieder des Forums
- Anzeige der Mitglieder, die gerade online sind
- Statistische Auswertungen über die Aktivitäten (Postings, Mitglieder)
- Bewertung von Beiträgen und Usern
- Benachrichtigung einzelner Mitglieder bei neuen Postings
- Linksammlungen zu den einzelnen Themenbereichen des Forums
- Newsletter an die Mitglieder
- Erstellung und Auswertung von Umfragen unter den Mitgliedern
- Private Nachrichten an einzelne Mitglieder

Zusatzfunktionalitäten von Foren

Charakteristik

Unter einem Forum versteht man eine Plattform im Inter- oder Intranet, wo Meinungen und Erfahrungen zu einem bestimmten Themenbereich ausgetauscht und konkrete Fragestellungen diskutiert werden. Der offene Dialog führt dazu, dass nicht nur bestehendes Wissen transportiert wird, sondern auch neues Wissen entsteht. Vielfach ist eine anonyme Teilnahme am Forum und damit ein Diskurs ohne Hierarchien möglich.

Praktische Umsetzung

Innerhalb eines Forums können Unterforen zu konkreten Fragestellungen oder Themen eröffnet werden, indem ein Starteintrag mit einer konkreten Frage oder Feststellung publiziert wird. Die Foren-Mitglieder reagieren darauf mit ihren Kommentaren, Ergänzungen, Antworten. Dadurch entwickelt sich ein Diskussionsfaden *(Thread)*. Für die Abbildung der Beiträge (Postings) gibt es zwei verschiedene Ansätze: *Threaded-View-Foren* stellen in Baumform dar, welcher Beitrag sich als ergänzender Kommentar oder Antwort auf welches vorhergehende Posting bezieht. *Flat-Style-Foren* dagegen bilden die Einträge in ihrer chronologischen Reihenfolge ab. Zusatzfunktionalitäten erweitern darüber hinaus das Spektrum eines Forums (siehe die Abbildung auf Seite 120).

Wichtig

Die Ernennung eines Moderators trägt wesentlich zur inhaltlichen Qualität und Diskussionskultur eines Forums bei. Ein Moderator kann nicht nur Beiträge editieren oder verschieben, sondern er hat auch das Recht, einzelne Postings, Threads oder Benutzer zu sperren bzw. zu löschen.

Technische Voraussetzungen/Hilfsmittel

Es sind zahlreiche, teilweise auch kostenlose Softwarelösungen erhältlich.

Zusammenfassung

Foren sind Diskussionsplattformen, die ihren Mitgliedern den Meinungsaustausch über räumliche und zeitliche Grenzen hinweg ermöglichen.

Formulare und Checklisten

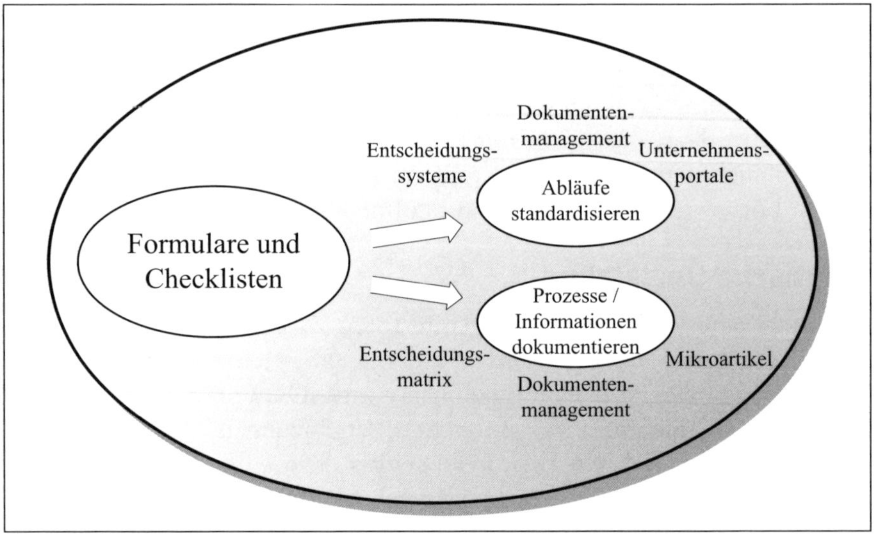

Wichtigste Eigenschaften und verwandte Werkzeuge

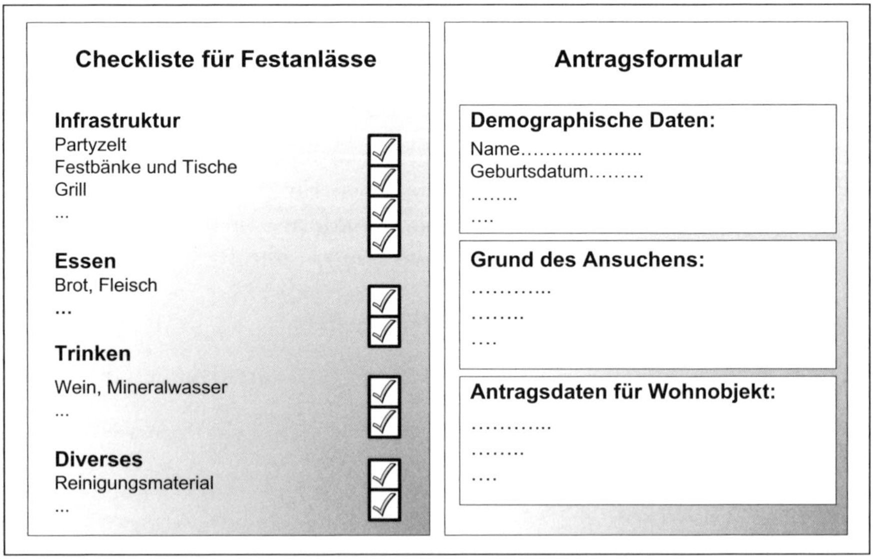

Beispiele für eine Checkliste und ein Formular

Charakteristik

Ein Formular ist ein standardisiertes Erfassungsinstrument für Daten, das entweder in Papier- oder elektronischer Form (z. B. als Webformular) vorliegt. Mit einer Checkliste können standardisierte Vorgänge oder Eigenschaften abgebildet und Schritt für Schritt umgesetzt bzw. geprüft werden.

Praktische Umsetzung

Bei der Erstellung eines Formulars kommt es auf die Erfassung aller relevanten Daten in standardisierter Form an. Formulare werden meist zur Erfassung von Massendaten verwendet. Die Erstellung von Checklisten lohnt sich nur für häufig wiederkehrende Ereignisse. Die Aufgabenstellung wird Schritt für Schritt durchgegangen und die Punkte werden auf der Checkliste angegeben.

Wichtig

Schritt-für-Schritt-Anleitungen (Prozess-Checklisten) haben kurz und prägnant zu sein, sonst werden sie zu wenig genutzt. Hintergrundinformation, die für das Verständnis des Ablaufs und der Weiterentwicklung notwendig ist, sollte getrennt beschrieben und erläutert werden. Checklisten und Formulare minimieren die Gefahr, einen Schritt zu vergessen oder anzugeben.

Technische Voraussetzungen/Hilfsmittel

Es sind in der Regel keine Hilfsmittel notwendig.

Zusammenfassung

Checklisten helfen, wiederkehrende Abläufe exakt auszuführen und die Gefahr, etwas zu vergessen oder zu übersehen, zu minimieren.

Formulare unterstützen die Erfassung von (Massen-)Daten nach einem vorgegebenen Schema.

Frageketten

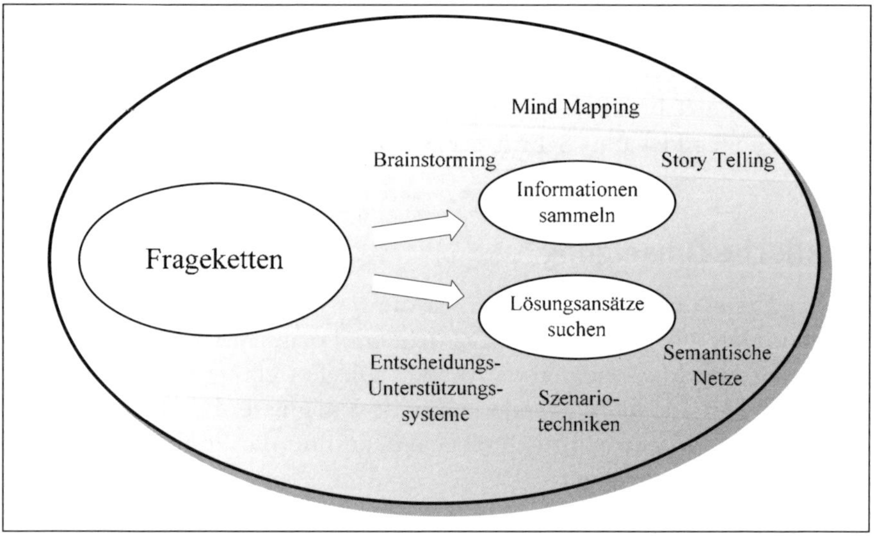

Wichtigste Eigenschaften und verwandte Werkzeuge

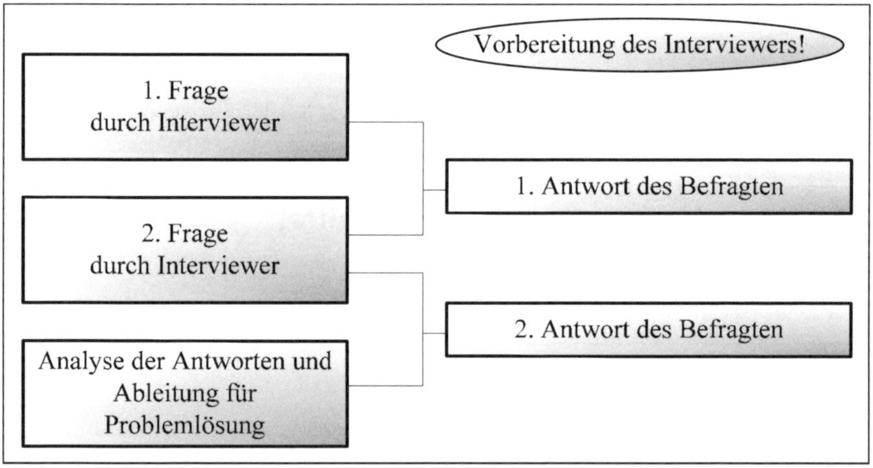

Definition der Problemstellung und Ableitung einer Interviewstrategie in Frageketten

Charakteristik

Frageketten sind vorbereitete, aneinandergereihte Fragen, die es ermöglichen, einen Gesprächspartner systematisch zur benötigten klaren Antwort zu leiten. Da diese Aufgabe vielfach nicht einfach zu lösen ist, geht es darum, ein Thema auf den Punkt zu bringen bzw. eine klare und inhaltlich ausreichende Antwort zu bekommen.

Praktische Umsetzung

Wird zu einer Problemstellung eine analytisch aufbereitete und klare Aussage benötigt, muss der Interviewer sich im Vorfeld Fragen überlegen, die ein inhaltlich Wissender beantworten kann. Durch die Aneinanderreihung von Fragen wird der Befragte angeregt, nachzudenken und dadurch dem Interviewer die notwendige Antwort zu liefern.

Wichtig

Es ist wichtig, sich mit der Themenstellung auseinanderzusetzen und die Fragen und damit den roten Faden vorzubereiten – interaktives Fragen ohne Konzept führt meist nicht zum Ziel. Der Interviewer sollte mit Fragetechniken und mit der Problemstellung vertraut sein.

Technische Voraussetzungen/Hilfsmittel

Es bestehen keine besonderen technischen Voraussetzungen.

Zusammenfassung

Frageketten sind aneinandergereihte Fragen, die es dem Interviewer ermöglichen, den Befragten zu inhaltlich richtigen Antworten zu leiten bzw. ihn anzuregen, über eine Problemstellung umfassender nachzudenken.

Geschichten

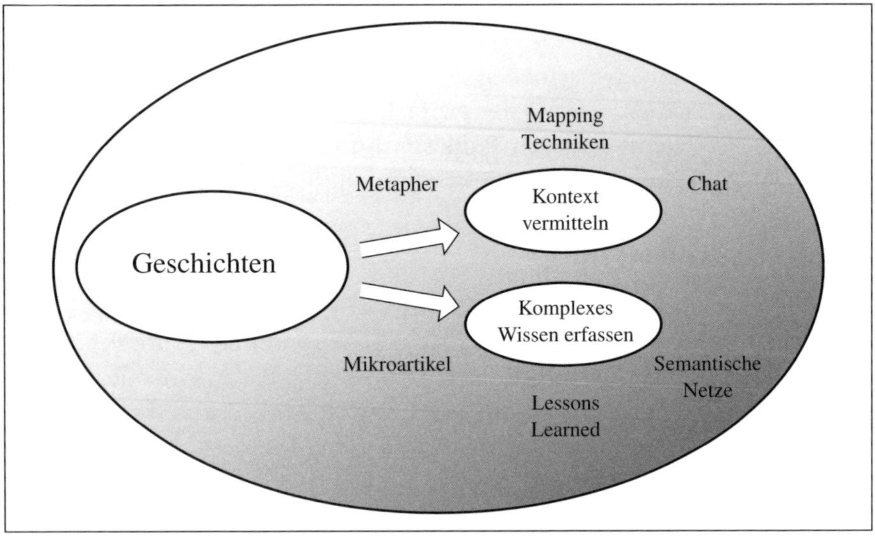

Wichtigste Eigenschaften und verwandte Werkzeuge

GEHALT	Welche Aussage soll mit Hilfe der Geschichte vermittelt werden?
ADRESSAT	Welche Zielgruppe soll angesprochen werden?
INHALT	Welcher Handlungsablauf spiegelt die Aussage am besten wider (authentische oder fiktive Geschichte)?
ERZÄHL-WEISE	Soll die Geschichte mündlich (Meeting, Ansprache usw.) oder schriftlich (Firmenzeitung, Intranet) erzählt werden?

Fragenkatalog zum Verfassen einer Geschichte

Charakteristik

Geschichten vermitteln nicht nur reines Faktenwissen, sondern auch den dahinter stehenden Kontext (Zusammenhänge, Werte, Stimmungen, Emotionen etc.). Deshalb erleichtern Geschichten die Erfassung und Weitergabe von komplexem Wissen, wie Werte und Normen einer Unternehmenskultur. Dieses Potenzial von Geschichten greift beispielsweise *Story Telling* auf.

Praktische Umsetzung

Beim Formulieren einer sowohl unterhaltsamen als auch informativen Geschichte kann der nebenstehende Fragenkatalog Hilfestellung leisten.

Prinzipiell kommen zwei Varianten von Geschichten infrage:

- **Authentische Geschichten** (z. B. Anekdoten) schildern einen realen Inhalt, sie greifen wahre Begebenheiten auf, die die angestrebte Botschaft reflektieren.
- **Fiktive Geschichten** (z. B. Märchen) basieren dagegen auf einem erfundenen Handlungsablauf. Die Geschichte ist eine Metapher, die vom Adressaten auf die Realität übertragen werden muss.

Wichtig

Damit Geschichten ihre volle Wirkung entfalten können, müssen sie in einer anschaulichen, einfachen Sprache und klar strukturiert erzählt werden. Der Adressat muss über das entsprechende Hintergrundwissen verfügen, um die Geschichte interpretieren zu können (Beispiel Sportgeschichte und Spielregeln).

Technische Voraussetzungen/Hilfsmittel

Um Geschichten als Medium zum Wissenstransfer einzusetzen, werden keine technischen Hilfsmittel benötigt.

Zusammenfassung

Geschichten helfen, komplexes Wissen zu vermitteln. Sie sollten anschaulich, unterhaltsam und nachvollziehbar sein.

Impuls-Referat

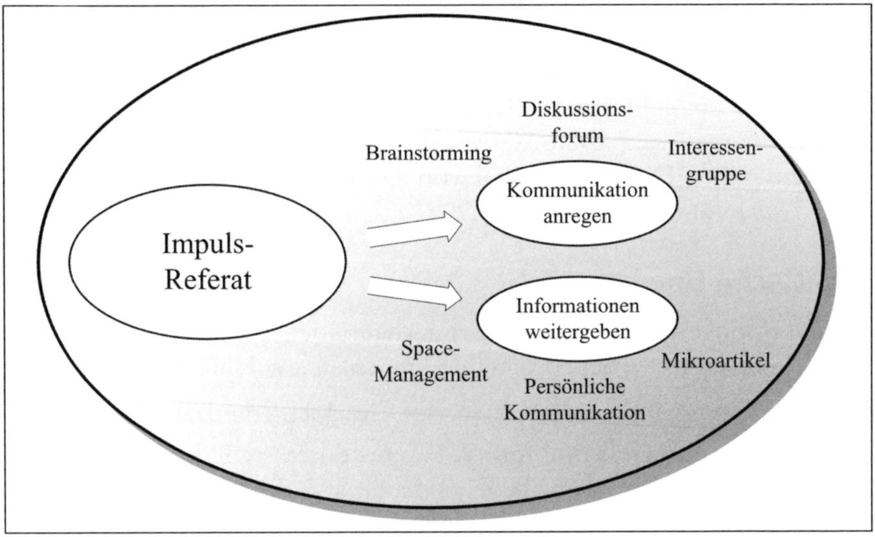

Wichtigste Eigenschaften und verwandte Werkzeuge

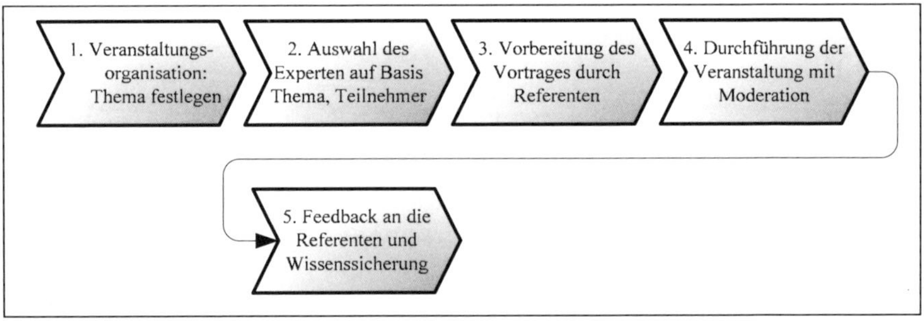

Einbettung eines Impuls-Referats in eine Veranstaltung

Charakteristik

Impuls-Referate sind Kurzvorträge zu einem bestimmten Thema. Die Zuhörer erhalten dadurch eine Übersicht und fundierte Basis für die nachfolgende Diskussion. In den meisten Fällen haben Impuls-Referate eher einen kritischen bzw. einen diskussionsanregenden Hintergrund. Die Teilnehmer einer Sitzung oder eines Kongresses werden angeregt, über ein Thema nachzudenken und in der Folge aktiv an der Diskussion teilzunehmen.

Praktische Umsetzung

Für den Einstieg einer Veranstaltung wird ein namhafter Experte gesucht, der sich speziell auf die Themenstellung vorbereitet. Sein Vortrag enthält Elemente, die die Teilnehmer anregen, zu reflektieren, und damit die Basis für eine lebhafte und ergiebige Diskussionsrunde schaffen.

Wichtig

Es ist wichtig, den richtigen Vortragenden für das Thema zu finden. Dieser soll in der Lage sein, die Erwartungen der Teilnehmer zu erfüllen und diese zu begeistern bzw. anzuregen. Für die dem Vortrag folgende Diskussion sollte ein Moderator eingesetzt werden.

Technische Voraussetzungen/Hilfsmittel

Abgesehen davon, dass dem Vortragenden Medien (z. B. Videobeamer) zur adäquaten Präsentation der Unterlagen zur Verfügung stehen sollen, sind keine besonderen Hilfsmittel notwendig.

Zusammenfassung

Das Impuls-Referat ist ein Einstiegsvortrag eines Experten zu einer Veranstaltung. Dieser soll die Teilnehmer zur Diskussion bzw. zur Reflexion eines Themas anregen.

Interessengruppen

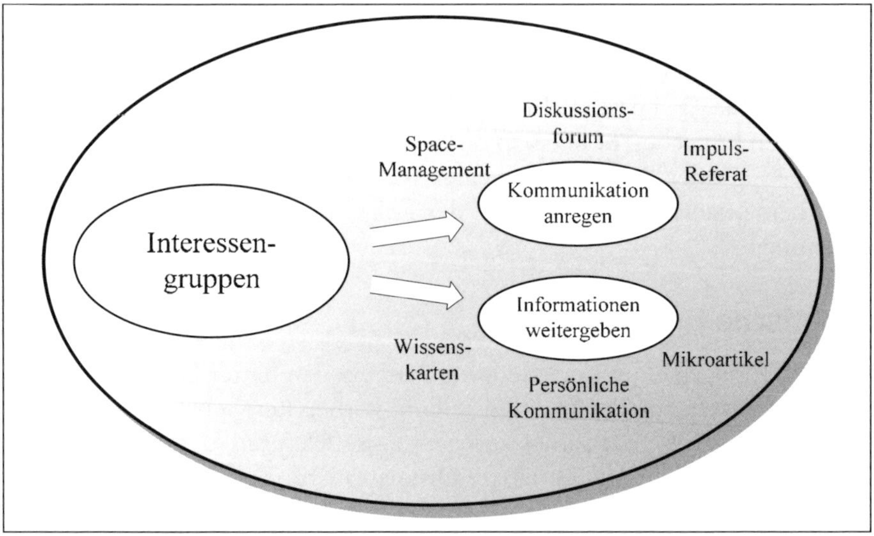

Wichtigste Eigenschaften und verwandte Werkzeuge

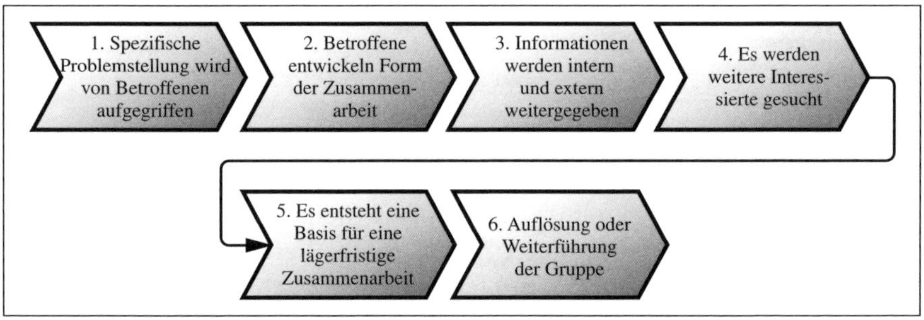

Vorgehen bei der Installation einer Interessengruppe

Charakteristik

Personen finden sich meist nur bedingt durch ein Ereignis zu Interessengruppen (Communities of interest) zusammen. Mitglieder solcher Gruppen haben das gemeinsame Ziel, sich näher mit einem Thema auseinanderzusetzen und Probleme zu lösen. Interessengruppen können über einen längeren Zeitraum bestehen (themenbezogen) oder auch nur von kürzerer Dauer sein (problembezogen). Die gemeinsam gewonnenen Erfahrungen werden der Umwelt meist über die Medien oder das Internet vermittelt.

Praktische Umsetzung

Zwei oder mehrere Personen finden sich zu einer Aufgabenstellung zusammen und beschließen, sich gemeinsam mit einem Thema auseinanderzusetzen. In der Folge sollten weitere Interessierte für die Mitarbeit gewonnen werden. Nach einer Zeit der gemeinsamen Arbeit und Publikation der Ergebnisse wird häufig eine Form der längerfristigen Zusammenarbeit (z. B. Verein) gefunden.

Wichtig

Die Mitarbeit in Interessengruppen erfolgt meist freiwillig und die Verbindung zwischen den Betroffenen ist themen- bzw. problembezogen. Als wichtig gilt die Veröffentlichung der Ergebnisse, um einen größeren Personenkreis für Themen und Lösungen zu gewinnen und die Netzwerkbereitschaft der Betroffenen zu fördern.

Technische Voraussetzungen/Hilfsmittel

Es sind keine besonderen Hilfsmittel notwendig.

Zusammenfassung

In einer Interessengruppe schließen sich Personen zusammen, um ein Thema oder ein Problem gemeinsam zu bearbeiten. Größere Personengruppen können durch Veröffentlichung der Ergebnisse angesprochen werden.

Intervention

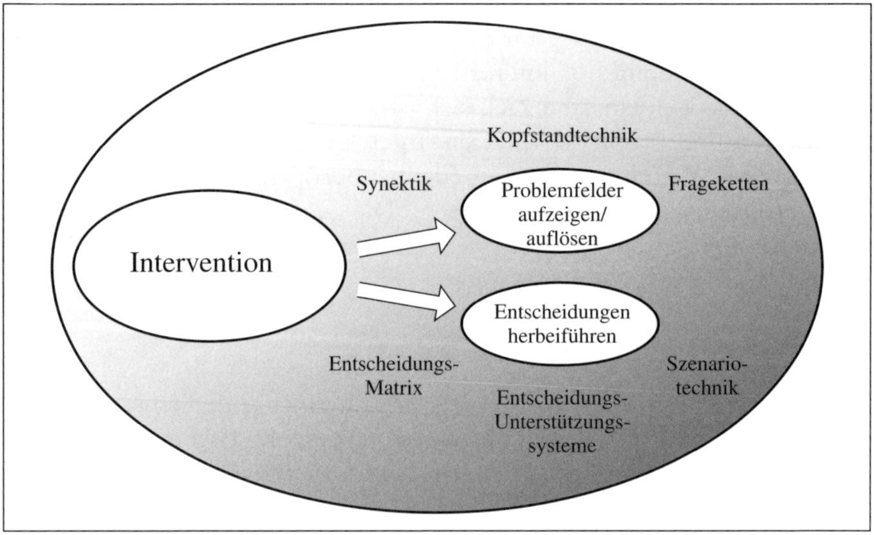

Wichtigste Eigenschaften und verwandte Werkzeuge

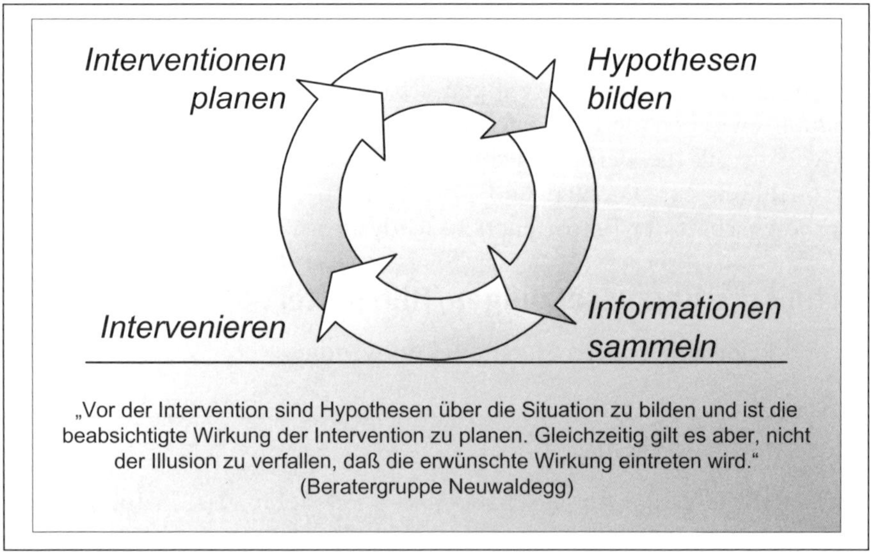

Reflexionsschleife der Intervention (in Anlehnung an die Beratergruppe Neuwaldegg)

Charakteristik

Der im Wirtschaftskontext besonders in der (systemischen Organisations-)Beratung etablierte Begriff der Intervention (lat. *intervenire* = dazwischenkommen) stützt sich auf Inhalte der modernen Systemtheorie: Es ist damit das Einschreiten in eine bestehende Situation gemeint, mit dem Ziel, diese in eine bestimmte Richtung zu lenken.

Praktische Umsetzung

Interventionen, oft von (externen) Beratern benutzt, müssen systemtheoretisch durchdacht sein („Interventionsdesign bzw. -architektur“). Dabei kann es sich aber nur um Impulse handeln, die von der Organisation aufgegriffen und weiter verarbeitet werden und den damit eingeleiteten Veränderungsprozess vorantreiben.

Wichtig

Die Autonomie des intervenierten Systems muss respektiert und Wirkungen beim Kommunikationspartner müssen in das Kalkül der Kommunikation miteinbezogen werden. Dabei sind zum Beispiel Anfangsbotschaften seitens des Managements bei Veränderungsprojekten genau zu überlegen, da sie entscheidend für das weitere Gelingen sind (emotionale Dimension).

Technische Voraussetzungen/Hilfsmittel

Für Interventionen sind keine technischen Hilfsmittel notwendig. Die Erstellung eines Interventionsdesigns ist situativ zu überlegen.

Zusammenfassung

Unter dem im Wirtschaftskontext gebrauchten Begriff der Intervention versteht man das Einbringen von Anregungen und Impulsen in eine Organisation (ein System), um gezielt und abgegrenzt Veränderungen herbeizuführen. Dies erfolgt zum Beispiel im Zuge einer (systemischen) Organisationsberatung.

Job Redesign

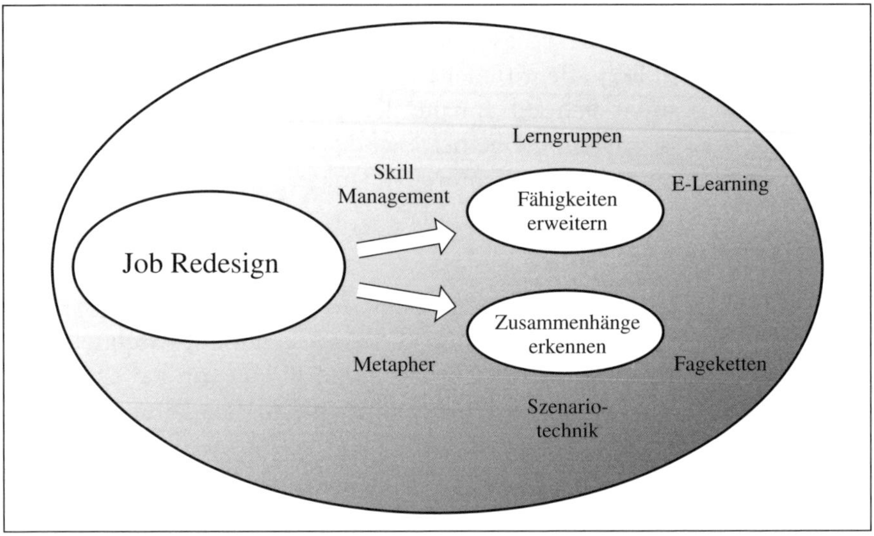

Wichtigste Eigenschaften und verwandte Werkzeuge

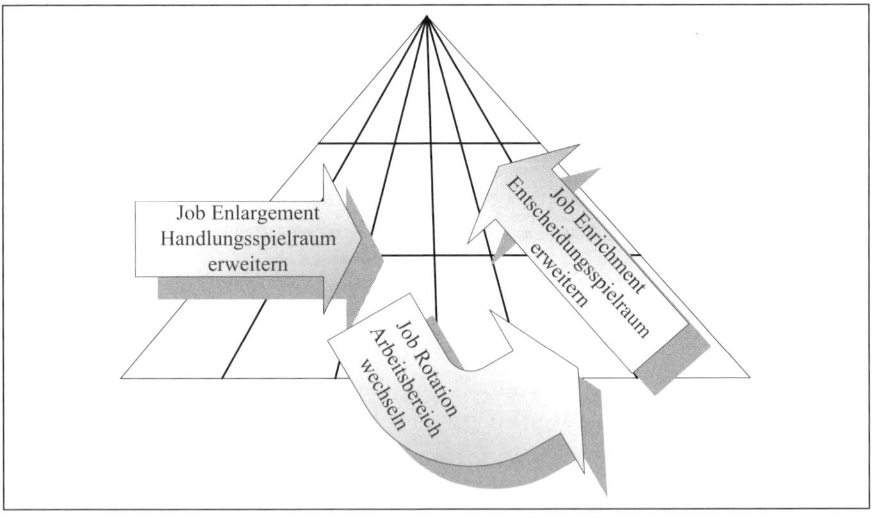

Definition von Job Enlargement, Job Enrichment und Job Rotation

Charakteristik

Job Redesign bietet sich an, um die Lernbereitschaft im beruflichen Alltag zu fördern. Durch die zielgerichtete Umgestaltung des Tätigkeitsbereichs einzelner Mitarbeiter werden deren Horizont erweitert, ein gesamtheitliches Verständnis ihrer Aufgaben gefördert und neue Kenntnisse aufgebaut.

Praktische Umsetzung

Für das Redesign der Arbeitsplätze und -bereiche gibt es drei Ebenen der Gestaltung:

Im Zuge von **Job-Enrichment**-Maßnahmen werden den Mitarbeitern mehr Kompetenzen und Verantwortung übertragen, wodurch eine qualitative Anreicherung der Aufgaben stattfindet.

Job Enlargement, die quantitative Anreicherung, steht für eine Reduktion der Spezialisierung der Arbeitnehmer. Verschiedene Tätigkeiten werden zu Aufgabenbündeln zusammengefasst und neu verteilt.

Bei **Job Rotation** wird der Arbeitsplatz systematisch gewechselt. Die Mitarbeiter sammeln so neue Erfahrungen, was neben dem Kennenlernen der Zusammenhänge auch den Aufbau von informellen Netzwerken fördert.

Wichtig

Job Redesign setzt sowohl flexible Organisationsstrukturen als auch die Bereitschaft der Mitarbeiter, sich mit neuen Aufgaben auseinanderzusetzen, voraus.

Technische Voraussetzungen/Hilfsmittel

Es handelt sich um eine rein organisatorische Maßnahme, daher sind keine technischen Voraussetzungen notwendig.

Zusammenfassung

Durch die Reorganisation der Tätigkeitsfelder wird der Horizont der Mitarbeiter erweitert. Wesentlich sind flexible Organisationsstrukturen, begleitende Schulungsmaßnahmen und Hilfestellung durch das Management.

Konferenzsysteme

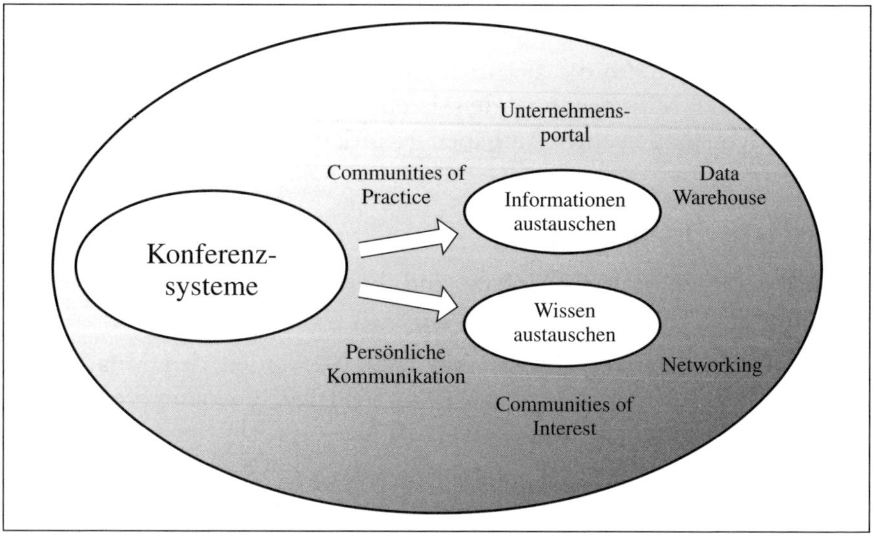

Wichtigste Eigenschaften und verwandte Werkzeuge

Für die Durchführung von Konferenzen ist eine Lösung auszuwählen und zu implementieren. Dann ist zu prüfen, ob alle Teilnehmer die an solchen Meetings teilnehmen müssen, die technischen Voraussetzung erfüllen können. Wenn diese Grundbedingung gegeben ist, sind mit den Teilnehmern Termine zu vereinbaren und dann werden die Meetings technisch unterstützt durchgeführt.

Auswahl- und Umsetzungsprozess von Konferenzlösungen

Charakteristik

Unter dem Begriff *Konferenzsysteme* werden eine Menge von Diensten zusammengefasst, welche die Kommunikation in Echtzeit ermöglichen.

Der Vorteil dieser Konferenzsysteme liegt darin, dass die Teilnehmer nicht zur selben Zeit am selben Ort sein müssen, um gemeinsam an einer Aufgabenstellung arbeiten zu können (Einsparung: Reisezeit und -kosten).

Man unterscheidet folgende Möglichkeiten:

Die *Telefonkonferenz* ist eine Verbindung, mit welcher zwei oder mehrere Personen gleichzeitig ein Gespräch zu einem Thema führen können. Telefonkonferenzen werden von den gängigen Mobilfunknetzen unterstützt. Weiters können Dienste bei Telefonserviceprovidern in Anspruch genommen werden, die es ermöglichen, sich über eine festgelegte Nummer mit einem Code als vorangemeldeter Teilnehmer einzuwählen und so an einer Konferenz teilzunehmen.

Die *Videokonferenz* ist eine visuelle und sprachliche Verbindung von zwei bzw. mehreren Personen an verschiedenen Standorten, die sich zu einem Thema austauschen wollen. Für die Übertragung von Bild und Ton sind technische Voraussetzungen, wie Videokonferenzsysteme an allen Teilnehmerstandorten und entsprechende Kabelverbindungen, zu schaffen. Moderne Videotechnologien ermöglichen den gemeinsamen Zugriff auf Computer- bzw. Präsentationssysteme.

Im *Internet* werden unterschiedliche Möglichkeiten zur Kommunikation unterstützt:

Chat: ermöglicht den Austausch in schriftlicher Form in eingerichteten Internet-Chatrooms und kann die Kommunikation in Unternehmen unterstützen. Diese Form des Austausches nützen zurzeit vielfach auch Kinder.

Web-Konferenz: eine Form der Kommunikation, die der Videokonferenz entspricht. Die Übertragung erfolgt über das Internet, das in der Regel zu einer langsameren Bildübertragung führt. Damit stellt die Web-Konferenz oder das Net-Meeting die technische Sparform des Videokonferenzsystems dar. In großen Unternehmen werden spezielle gesicherte Plattformen wie z. B. WEBex zur Kommunikation angeboten.

Telefonkonferenzsystem

→Telefongespräch von mehreren Personen zu einem definierten Thema
→Kostengünstiger und sicherer Einwahlknoten zu einer Telefonkonferenz (Anmeldung über Telefonprovider)
→Alle Betroffenen können sich bei der Diskussion beteiligen, unabhängig davon, wo sie sich befinden

Videokonferenzsystem

→Sprach- und Bildübertragung von mehreren Personen an verschiedenen Orten und Diskussion zu einem definierten Thema
→Aufbau von Videokonferenzsystemen an allen Standorten an denen eine Festnetzverbindung mit hoher Bandbreite besteht (ISDN, andere)
→Alle Betroffenen können sich bei der Diskussion beteiligen, sie müssen sich jedoch an einem bestimmten Standort einfinden

Internetbasierende Konferenzsysteme

→Chatforen zum Austausch von Meinungen
→Netmeeting zum Austausch und gemeinsamen Bearbeitung von Themenfeldern (Präsentationen) auch bei dieser Lösung Sprache, Bilde und Daten möglich
→Kostengünstige Lösung als Ersatz zu Videokonferenzen finden heute selbst im privaten Umfeld Einzug
→Internetanbindung notwendig

Beispiele, Nutzen und Merkmale von Konferenzsystemen

Praktische Umsetzung

Der Bedarf an Konferenzsystemen entsteht in Unternehmen dann, wenn Personen, die sich kurzfristig abzustimmen haben, sich nicht am selben Ort befinden. In diesem Fall ist in einem ersten Schritt die geeignete Form der Kommunikationsunterstützung auszuwählen (Übertragung von Ton *oder* Bild, Ton und Daten). Dann sollte die Anforderung ausgeschrieben und auf Basis der Angebote eine Entscheidung getroffen werden. In der Folge wird die Lösung umgesetzt. Bei einer Videokonferenz beispielsweise wird an jedem Standort das System installiert und getestet oder eine günstigere internetbasierende Lösung aufgesetzt. Für Telefonkonferenzen wird ein Anbieter ausgewählt, der diese Leistung offeriert. Abschließend ist die Einschulung der User zur Benutzung des Systems durchzuführen.

Wichtig

Um Konferenzsysteme erfolgreich einzusetzen, sollte im Unternehmen der Bedarf einer internationalen (internen, externen) Kommunikation gegeben sein. In den Ländern, in denen Konferenzsysteme eingerichtet werden sollen, muss eine entsprechende Telekominfrastruktur vorhanden sein. Die Einbindung und Schulung der User in der Benützung der Lösung ist wesentlich für die erfolgreiche und intensive Nutzung des Systems.

Technische Voraussetzungen/Hilfsmittel

Telefonkonferenzsysteme: Zugriff auf ein Mobil- bzw. Festnetztelefon mit Konferenzfunktion für jeden Teilnehmer (günstig). *Videokonferenzsystem:* Installation einer Videokonferenzlösung an jedem Standort (teuer). *Internet:* Zugriff aller Teilnehmer auf einen Internetanschluss und einen PC mit WebCam (eher günstig) und entsprechender Software (z. B. Skype).

Zusammenfassung

Konferenzsysteme sind technische Lösungen, welche die Kommunikation und den Datenaustausch zwischen Personen unterstützen, die sich zu einem Zeitpunkt an verschiedenen Standorten befinden. Die wesentlichen Unterschiede liegen in der Übertragung von: *nur Ton* (Telefonkonferenz) bzw. *Bild, Ton und Daten* (Video/Webkonferenzsystem).

Kopfstandtechnik

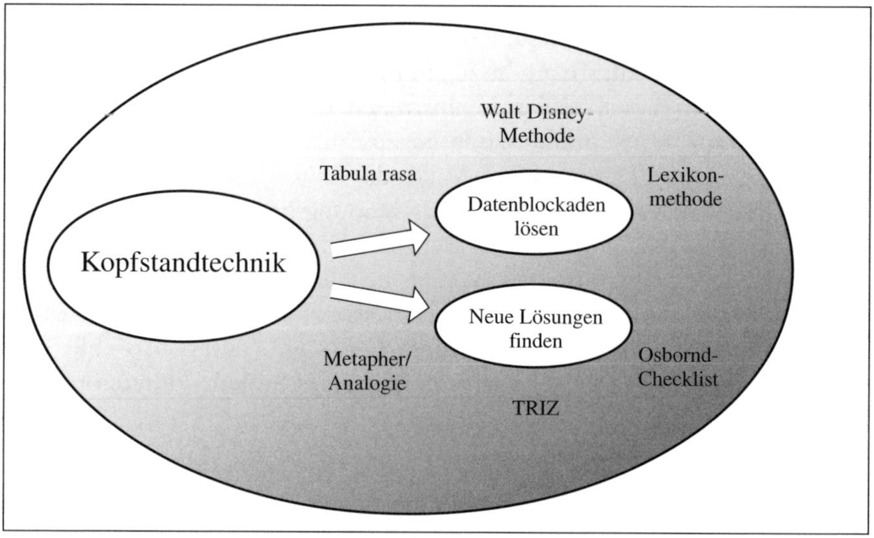

Wichtigste Eigenschaften und verwandte Werkzeuge

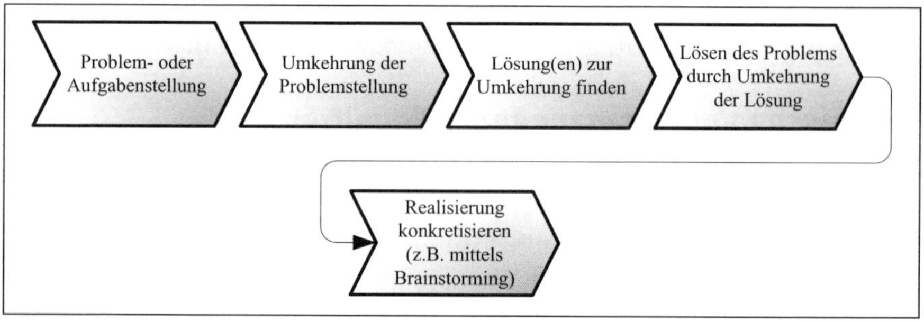

Ablaufschema für die Anwendung der Kopfstandtechnik

Charakteristik

Unter Kopfstandtechnik versteht man ein Werkzeug zum Befreien von gewohnten Denkmustern und das Aufdecken neuer Aspekte. Diese Technik eignet sich gut im Bereich der Ideenfindung und Problemlösung.

Praktische Umsetzung

Die Durchführung erfolgt in fünf Schritten. Zuerst wird das Problem definiert und daraus die Zielfrage abgeleitet. Beispiel: „Wie kann man das Bild von Politikern in der Öffentlichkeit verbessern?"

Im zweiten Schritt wird diese Zielfrage auf den Kopf gestellt: „Was können wir tun, um das Image der Politiker zu verschlechtern?"

Dritter Punkt: Suche nach Lösungen zu dieser „Anti-Zielfrage".

Im vierten Schritt werden die gefundenen Lösungen wiederum auf den Kopf gestellt, damit die eigentliche Zielfrage gelöst wird.

Abschließend sollte noch eine Priorisierung der Lösungsvorschläge und eine genauere Planung der Umsetzung durchgeführt werden.

Für die Durchführung sollten 45 Minuten eingeplant werden.

Wichtig

Das Zulassen von vermeintlich unsinnigen Ideen und das Nichtbewerten von Lösungsvorschlägen in Schritt drei stellt eine wichtige Rahmenbedingung dar.

Technische Voraussetzungen/Hilfsmittel

Ein Flipchart zur Sammlung der Ideen und Visualisierung ist hilfreich.

Zusammenfassung

Die Kopfstandtechnik ist eine Methode, die insbesondere in festgefahrenen Situationen oder bei gewohnten Denkmustern durch Umkehr der Argumentation neue Sichtweisen und Ideen hervorbringt.

Laterales Denken

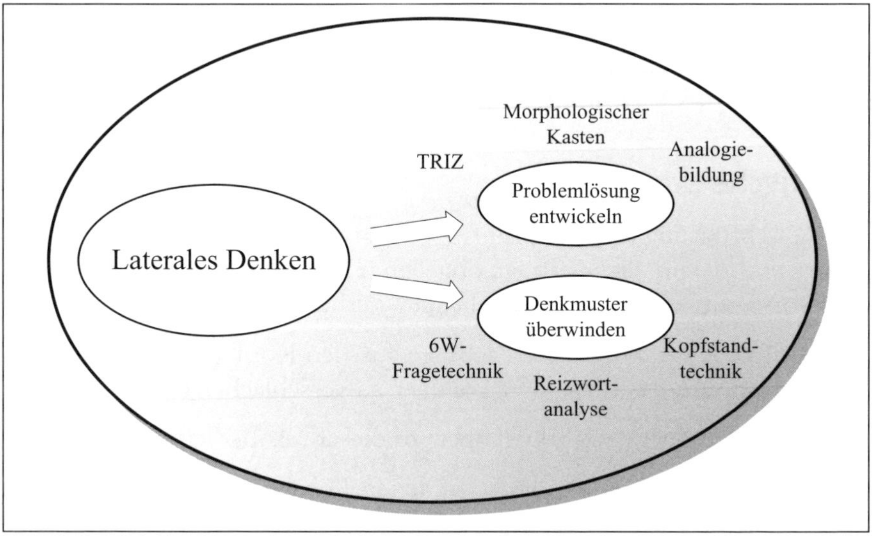

Wichtigste Eigenschaften und verwandte Werkzeuge

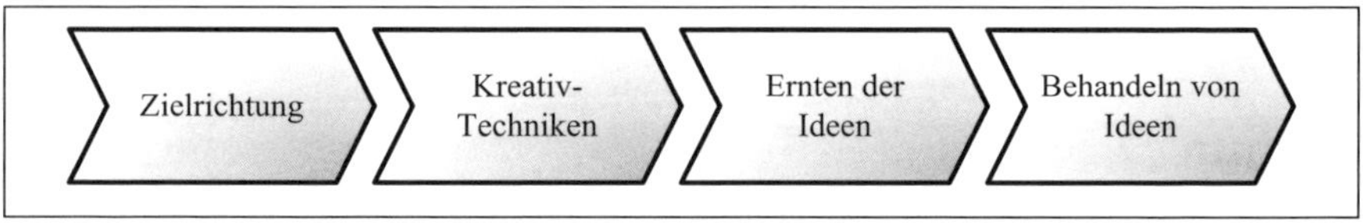

Ablaufschema für die Anwendung von lateralem Denken

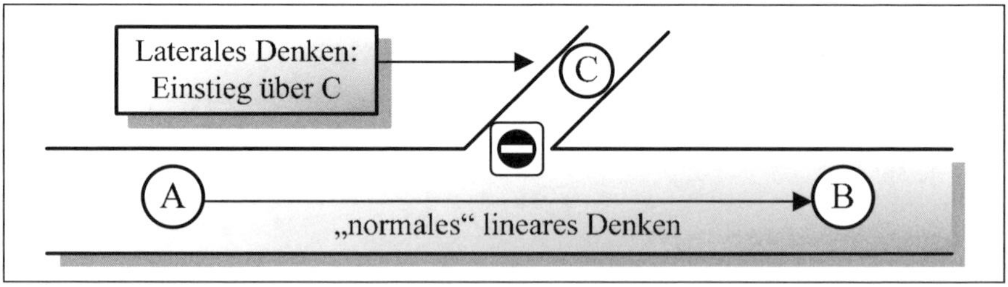

Symbolische Darstellung: Laterales Denken als Methode zum Finden von unkonventionellen, normalerweise nicht zugänglichen Lösungen

Charakteristik

Der Begriff *Laterales Denken* wurde von Edward de Bono eingeführt, der das Thema selbst wie folgt definiert:

Laterales Denken provoziert, um eine Neuordnung von Mustern zu bewirken. Durch intuitive Auswahl von Informationen werden auf natürliche Weise Muster gebildet. Laterales Denken ermöglicht das bewusste Auswählen solcher musterbildenden Informationen.

Beim lateralen Denken wird eine Vielzahl von Kreativitätstechniken in ein methodisches Gesamtkonzept eingebettet. Dadurch wird der Vorstellung, dass Kreativität etwas mit Chaos und ziellosem Herumspielen zu tun hat, systematisch entgegengearbeitet.

Praktische Umsetzung

Für die effiziente praktische Umsetzung ist wichtig, dass der gesamte Prozess (siehe die Grafik auf Seite 142) vollständig und diszipliniert durchgeführt wird. De Bono beschreibt drei relevante Arten von Disziplinen für die Durchführung des Prozesses:

- *Disziplin der Zielrichtung*:
  Klarheit über Ausgangszustand und gewünschtes Ergebnis.
- *Methodendisziplin:*
  Wissen, was man zu erreichen versucht und welche Technik dafür ideal geeignet ist.
- *Zeitdisziplin:*
  Zeitgrenzen setzen, da gruppendynamische und kreative Prozesse sonst oft zu „Dauerläufern“ werden.

Im Folgenden werden die vier Teilschritte des Lateralen Denkens einzeln beschrieben.

Zielrichtung

Dabei sind zwei Arten von Zielrichtungen zu unterscheiden: die allgemeine Zielrichtung und die Zweckzielrichtung.

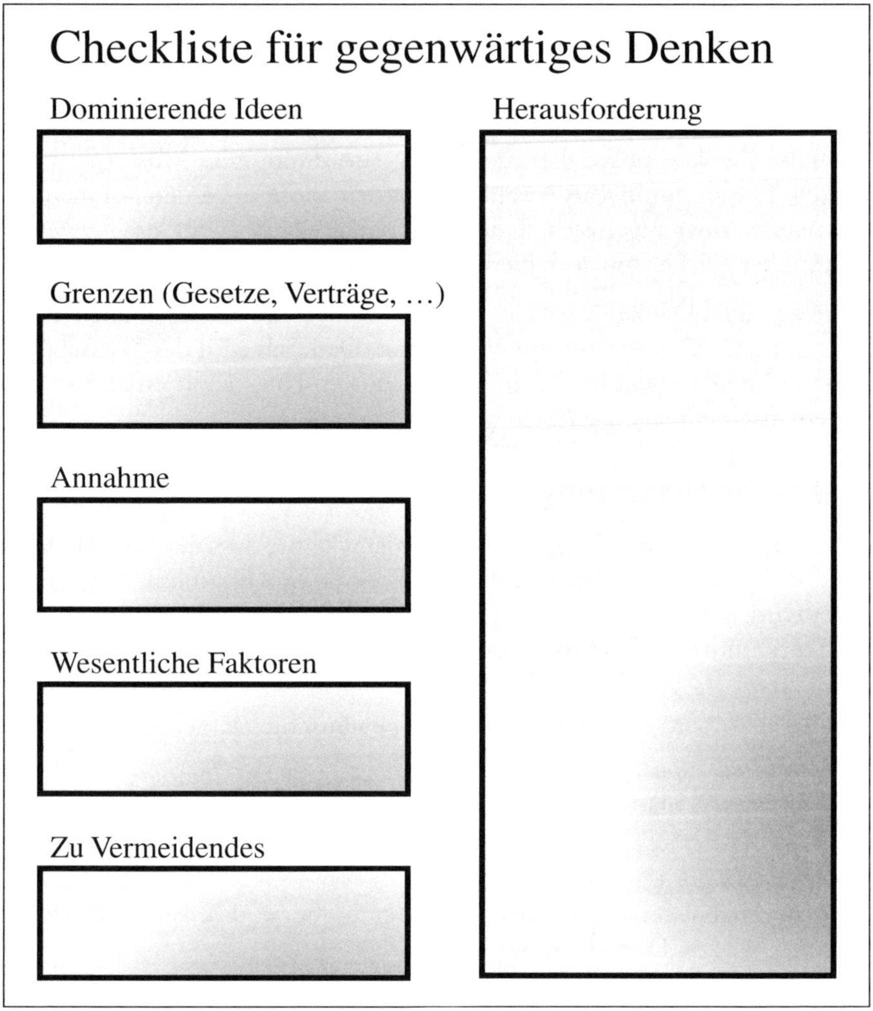

Checkliste für gegenwärtiges Denken und aus den jeweiligen Betrachtungen abgeleitete Herausforderungen

Unter *allgemeine Zielrichtung* versteht man die Definition des Denkbereiches und nicht des Zwecks, wie oft fälschlicherweise vermutet wird. Wichtig bei der Definition dieser Art von Zielrichtung ist der Fokus auf einen allgemeinen Bereich, weil dadurch eine umfassende und offene Betrachtungsweise ermöglicht wird. Dies ermöglicht es, über alle Facetten dieses Bereiches sehr offen nachzudenken. Andererseits liefern Fragen wie „Ich möchte neue Ideen zur Vermarktung meines Produktes" zwar eine Anzahl von kreativen Ideen, nicht aber die Lösung für ein spezifisches Problem.

Die Alternative dazu ist die sogenannte *Zweckzielrichtung*, die direkt definiert, was mit dem kreativen Denken erreicht werden soll. Dahinter stehende Fragen sind zum Beispiel: „Was genau ist das Ziel unseres Denkens?" oder „Was soll am Ende unserer Überlegungen stehen?"

Kreativ-Techniken

Im weitesten Sinne kann der grüne Hut aus De Bonos 6 Denkhüten (siehe Werkzeug *6 Denkhüte*) als der kreative Teil des Lateralen Denkens verstanden werden.

Die drei wichtigsten Werkzeuge für das Finden von kreativen Lösungen – Herausforderung, Zufallseinstieg und Provokation – werden hier beschrieben:

Herausforderung

Die Herausforderung bezieht sich immer auf einen aktuellen Zustand, ohne Angriff oder Kritik zu sein. Der Prozess selbst ist das Stellen der Frage nach dem *Warum*.

Die *Warum*-Fragen können auf drei Arten gestellt werden, die mit den Kürzeln C, B und A bezeichnet werden.

- **Warum/C** fordert die Notwendigkeit der Existenz einer Sache heraus.
- **Warum/B** fordert die Gültigkeit der Gründe, etwas auf eine bestimmte Weise zu tun, heraus.
- **Warum/A** ist das direkte Suchen nach Alternativen, ohne wie bei B nach den Gründen zu suchen.

1 Seife	16 Kirche	31 Sturm	46 Diamant
2 Maus	17 Laden	32 Uhr	47 Gewehr
3 Wolke	18 Hambuger	33 Ballon	48 Zug
4 Haar	19 Buch	34 Party	49 Bild
5 Eis	20 Skalen	35 Schuh	50 Bier
6 Rakete	21 Kohle	36 Wurzel	51 Küche
7 Steuer	22 Kamel	37 Messer	52 Nase
8 Bett	23 Tagebuch	38 Rauch	53 Elefant
9 Rad	24 Rechtsanwalt	39 Präsident	54 Wein
10 Frosch	25 Zigarette	40 Knopf	55 Rose
11 Farm	26 Spielzeug	41 Adler	56 Säge
12 Computer	27 Schnee	42 Taxi	57 Krankenhaus
13 Jazz	28 Fallschirm	43 Suppe	58 Kamera
14 Hut	29 Fürst	44 Gefängnis	59 Banane
15 Kreditkarte	30 Wasserhahn	45 Hai	60 Schnecke

Liste mit 60 Worten für die Auswahl eines Zufallswortes nach dem Stand des Sekundenzeigers.

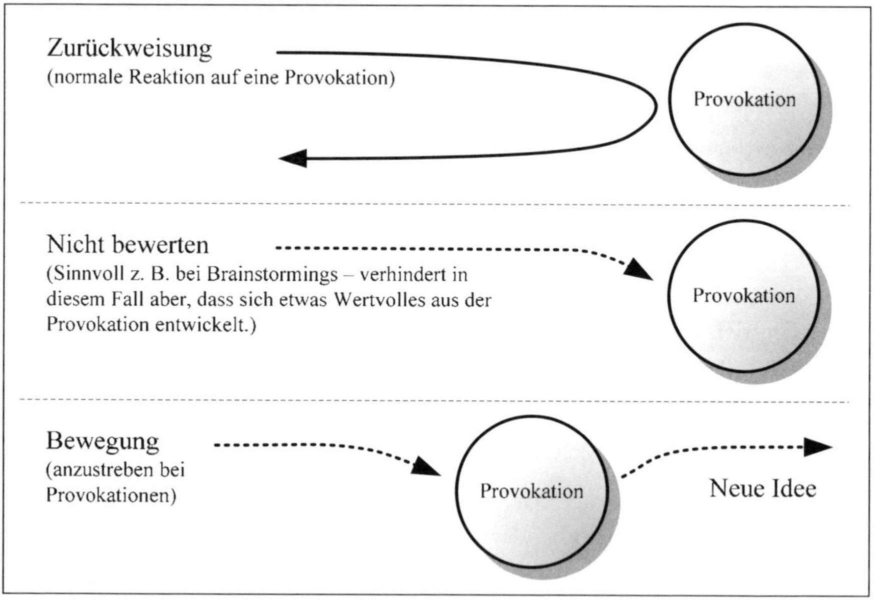

Mögliche Arten der Bewertung einer Provokation. Nur jene, für die „Bewegung" gewählt wird, werden weiter behandelt.

Grundlage für die Herausforderung ist eine ausführliche Charakterisierung des gegenwärtigen Denkens, auf dessen Basis anschließend die jeweils angebrachte Art der Herausforderung angewendet wird.

Zufallseinstieg

Der Zufallseinstieg ist die einfachste, vermutlich aber die kreativste Technik, weshalb sie speziell in „Grüne-Wiese-Situationen", bei Stagnation oder für völlig neue Überlegungen angewendet wird.

Auf Basis eines Zufallswortes, einer Metapher oder eines Objektes werden Assoziationen gesucht. Die entwickelten Ideen bieten meist bereits nach wenigen Stufen brauchbare Startpunkte für die nachfolgenden Prozesse des lateralen Denkens.

Das Suchen des Zufallswortes kann entweder rein zufällig, aus einer nummerierten Liste von Begriffen durch die Verwendung des Sekundenzeigers einer Uhr (60 Begriffe – 60 Sekunden) oder mit einem Zufallsgenerator erfolgen. Auch wenn nicht sofort Assoziationen zum Ziel herstellbar sind, sollte nicht sofort das nächste Wort verwendet werden, da Schwierigkeiten am Anfang oft die kreativsten Zugänge zu einem Thema ermöglichen.

Provokation

Unter Provokation wird das Verändern von gegebenen Dingen innerhalb des Zielgebietes zu einer provokativen Behauptung verstanden. Startpunkt sind Dinge, die innerhalb des Zielgebietes als gegeben angesehen werden.

Es gibt vier Arten der Provokation:

- *Entstehende Provokation*
  Eine Idee, die eigentlich nicht als Provokation gemeint war, wird als solche formuliert.
- *Fluchtprovokation*
  Selbstverständliche Dinge werden fallen gelassen, negiert, gestrichen oder beiseite geschoben.

Ernte-Checkliste

Zielrichtung	
Konkrete Ideen	
Ansatz von Ideen	
Konzepte	
Zugänge	
Änderungen	
Tenor	

Die Ernte-Checkliste zum systematischen Sichern der erarbeiteten Ideen

- *Umgekehrte Provokation*
  Diese Art der Provokation wird durch Umkehr der normalen Handlungsrichtung erzeugt.
- *Wunschdenken-Provokation*
  Im Gegensatz zu den anderen drei Arten, die existierende Situationen als Basis haben, werden hier unerreichbar scheinende Fantasien formuliert.

Von den geäußerten provokativen Behauptungen werden alle oder eine zufällige Auswahl systematisch behandelt.

Im Idealfall wird an eine Provokation die *Bewegung* angeschlossen. Darunter versteht De Bono das Bemühen, etwas Interessantes und Wertvolles aus den Provokationen zu extrahieren.

- Die **Eingebung** als einfachste Form der Bewegung folgt keinem formalen Prozess, sondern nutzt spontane, unstrukturierte Einfälle.
- Beim **Extrahieren** wird nur ein Teilaspekt aus der Provokation entnommen und daraus ein Prinzip oder ein Konzept abgeleitet.
- Die auf dem **Unterschied** basierende Bewegung zielt auf Punkte ab, bei denen sich die Provokation von der normalen Vorgehensweise unterscheidet.
- Die Methode **von Augenblick zu Augenblick** basiert darauf, dass die Folgen und das Folgeverhalten auf die Provokation wie in einem Film beobachtet werden.
- Unter **positiven Aspekte** versteht man die Suche nach einem möglichen Nutzen der provokanten Behauptung.

Ernten

Ernten ist neben der Definition der Zielrichtung mit Sicherheit der am schwächsten ausgeprägte Teilprozess. Hierbei werden nach einer vorgegebenen Systematik nicht nur die auf den ersten Blick sinnvoll erscheinenden, sondern alle erarbeiteten Ideen systematisch gesichert (siehe die Vorlage auf Seite 148).

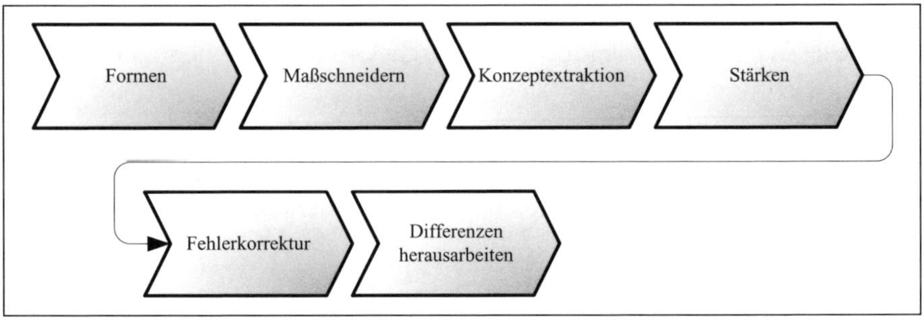

Systematischer Ablauf der Behandlung von Ideen

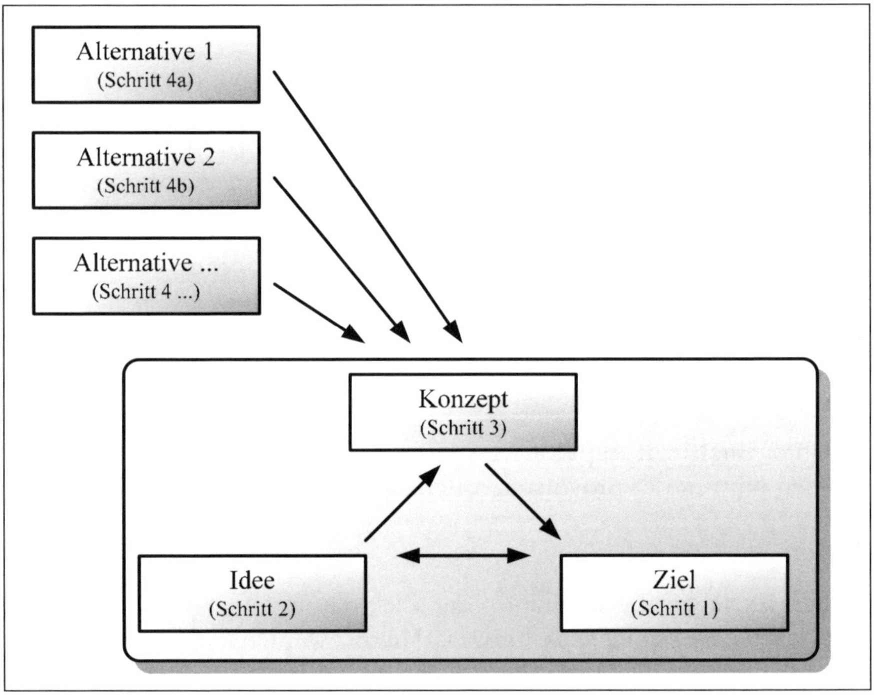

Entwicklung von alternativen Ideen für ein extrahiertes Konzept

Beim Ausfüllen der Ernte-Checklisten ergeben sich üblicherweise immer wieder Unklarheiten über die Zuordnung zu den einzelnen Themen. Im Zweifelsfall wird empfohlen, die Ergebnisse mehrfach zuzuordnen.

Unter dem Punkt „Änderungen" werden Wechsel des Zugangs oder der grundlegenden Konzepte während der Arbeit am Thema notiert. Der Tenor beschäftigt sich mit der allgemeinen Art der Ideen, wobei der Wert des Notierens darin besteht, dass bei zukünftigen Sitzungen eine andere Tendenz gezielt gewählt werden kann.

Behandeln

Nur in den seltensten Fällen bringen die kreativen Bemühungen direkt verwertbare Ergebnisse. Nach De Bono können Resultate auf sechs Arten behandelt werden, wobei auch eine Abfolge mehrerer Behandlungsarten sinnvoll sein kann:

- *Formen*
  Passt die entwickelte Idee an tatsächliche Einschränkungen an.
- *Maßschneidern*
  Im Gegensatz zum Formen wird hier die Idee an die bestehende Organisation angepasst.
- *Konzeptextraktion*
  Ist eine Idee nicht umsetzbar, kann immer noch das Konzept dahinter für eine andere Idee verwendet werden.
- *Stärken*
  Durch Stärken wird versucht, die Kraft und den Nutzen einer Idee zu optimieren.
- *Fehlerkorrektur*
  Die Fehlerkorrektur verfolgt das Ziel, die Schwächen einer Idee zu finden und zu beheben.
- *Differenzen herausarbeiten*
  Das Herausarbeiten von Differenzen wirkt dem Argument „Das ist doch dasselbe wie ..." oder Ähnlichem durch die gezielte Suche nach Unterschieden entgegen.

Checkliste für vorläufige Bewertung

Bedürfnis	
Nutzen	
Durchführbarkeit	
Akzeptanz	
Kosten	
Risiko	
Zusammenpassen	
Überprüfung	
Anwendung	
Konkurrierende Ideen	
Menschen und Politik	

Beispiel einer Checkliste für die vorläufige Bewertung von Ideen

In manchen Fällen kann nach dem Behandeln von Ideen die Anwendung weiterer kreativer Techniken sinnvoll und notwendig werden, um z. B. für ein Konzept oder zur Korrektur von Fehlern alternative Ideen zu entwickeln.

Wichtig

Schlüssel zur erfolgreichen Umsetzung von Lateralem Denken ist einerseits die systematische Anwendung der für die jeweilige Problemstellung richtigen Werkzeuge und andererseits die Durchführung des gesamten Prozesses des lateralen Denkens.

Häufig verhindert eine zu intensive Arbeit mit den kreativen Techniken und daraus folgend die Vernachlässigung der vor- und nachgelagerten Prozessschritte eine Optimierung der Ergebnisse.

Gruppendynamische Prozesse und die strikte Einhaltung von gesetzten Zeitlimits erweisen sich als wesentliche Kriterien für einen effizienten Einsatz der Werkzeuge.

Technische Voraussetzungen/Hilfsmittel

An Hilfsmitteln sind lediglich Visualisierungshilfen wie z. B. Flipchart, Pinwand und/oder ein Schreibblock erforderlich. Technische Geräte sind weder notwendig noch sinnvoll.

Zusammenfassung

Das laterale Denken nach De Bono ist ein Prozess zur Durchführung von kreativen Aufgaben. Es besteht aus einer Vielzahl eigenständiger Tools, deren Wirksamkeit erst durch die Anwendung des gesamten Prozesses voll ausgeschöpft werden kann.

Für die einzelnen Teilprozesse gibt es meist eine Reihe von Handlungs- oder Betrachtungsalternativen, was voraussetzt, dass der Moderator über ein hohes Maß an Methodenkompetenz verfügt.

Kreative Prozesse erfordern im Gegensatz zur landläufigen Meinung ein hohes Maß an Disziplin und zielgerichtetem Arbeiten, sie können durch das laterale Denken in idealer Weise unterstützt werden.

Lerngruppen

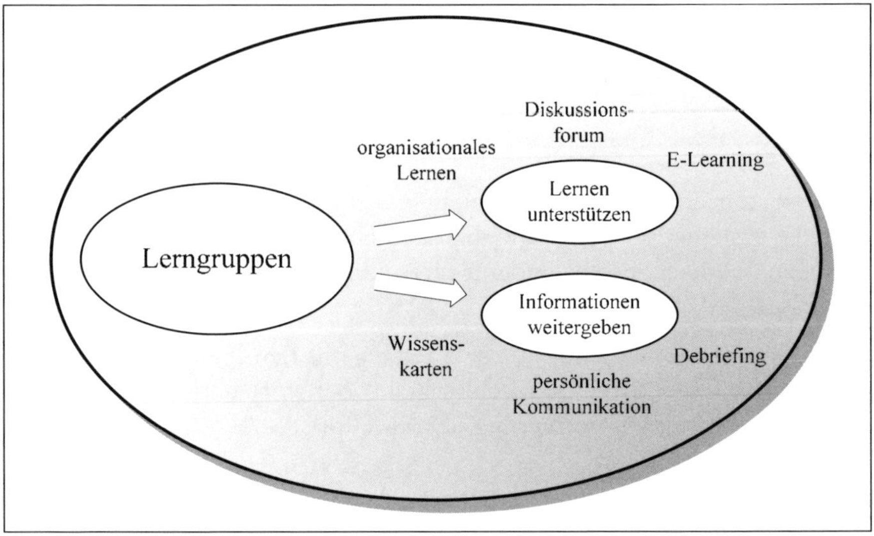

Wichtigste Eigenschaften und verwandte Werkzeuge

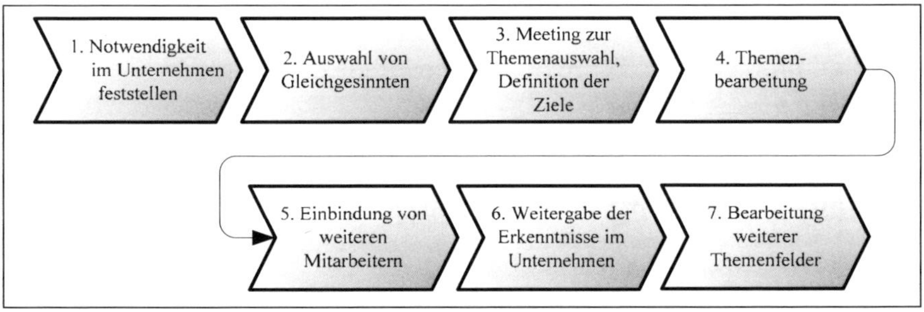

Realisierungsprozess einer Lerngruppe

Charakteristik

Unter einer Lerngruppe (Learning Community) ist eine Lerngemeinschaft zu verstehen, die sich gemeinsam mit einem bestimmten Thema intensiv auseinandersetzt. Die teilnehmenden Personen schaffen damit einen Mehrwert für das Unternehmen und für sich selbst.

In Gemeinschaften werden Probleme gelöst, Informationen und Wissen ge- und verteilt, neues Wissen entwickelt und Innovationen initiiert.

Nutzen: Für den Erfolg von Lerngruppen sind verschiedene Faktoren ausschlaggebend. Ein zentraler Erfolgsfaktor besteht darin, dass sich der Wissens- und Erfahrungsaustausch der Gruppenmitglieder auf reale und relevante Problemstellungen aus der Unternehmenspraxis bezieht, sodass der unmittelbare Nutzen deutlich erkennbar ist.

Interesse und Zielsetzung: Ein weiterer kritischer Erfolgsfaktor für Lerngruppen ist das Interesse und die freiwillige Teilnahme der Mitglieder. Es erscheint nicht sinnvoll, Mitarbeitern die Teilnahme an einer „Learning Community" nahe zu legen, wenn diese keinerlei Interesse an der Zusammenarbeit in einer Gemeinschaft oder am Thema haben.

Vertrauensaufbau und Kerngruppe: Das Vertrauen innerhalb der Gruppe ist ein wesentlicher Bestandteil für die Zusammenarbeit und ist daher zu fördern. Die Existenz einer Kerngruppe ist für die Lebendigkeit der Lerngruppe zentral. Die Kerngruppe übernimmt eine Art Antriebsfunktion der Gemeinschaft. Sie besteht zumeist aus einer Gruppe von engagierten und überaus interessierten Teilnehmern, die z. B. Treffen der Gruppe organisieren, Experten einladen etc.

Praktische Umsetzung

Lerngruppen sind dann umsetzbar, wenn ein gemeinsames Thema bzw. Ziel gefunden wird und sich daraus ein zu bearbeitendes Problemfeld ergibt. Die Mitglieder sollten in ähnlichen Hierarchieebenen beheimatet sein. Eine heterogene Zusammensetzung hilft bei der Themenbearbeitung. Das gemeinsame Interesse prägt die Arbeit. Die zeitliche Zusammenarbeit hängt vom Thema selbst ab. Wichtig ist die Regelmäßigkeit der Treffen.

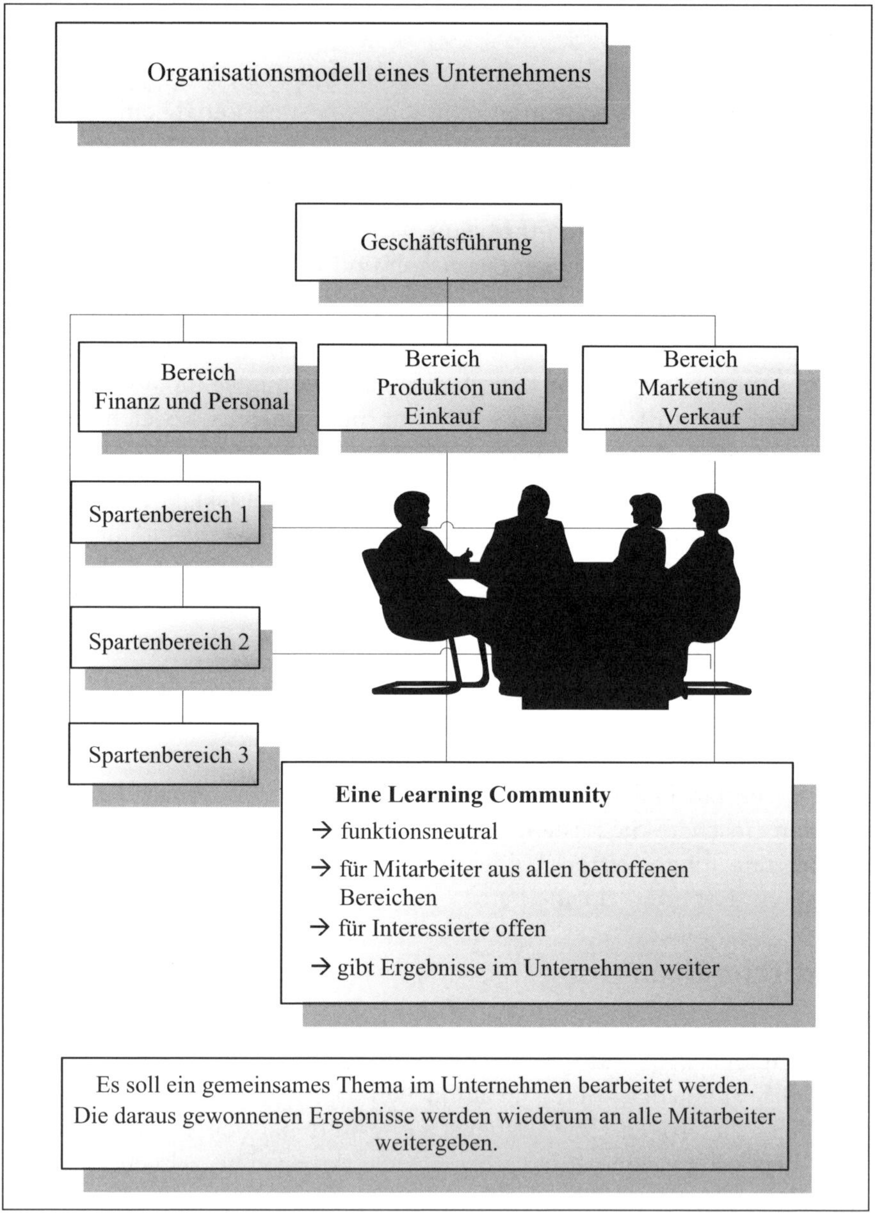

Organisationale Einbettung einer Lerngruppe im Unternehmen

Prozessunterstützung: Eine weitere wesentliche Komponente, die die Entwicklung von Lerngruppen fördert, ist die Unterstützung der Gruppenprozesse. Es ist notwendig, eine oder mehrere respektierte Personen in der Gemeinschaft zu haben, die die Community zusammenhalten, Informationen bündeln, Diskussionen zielgerichtet unterstützen und die Aktivitäten der Gemeinschaft koordinieren. Welches Ausmaß an Unterstützung erforderlich ist, kann allerdings nur im konkreten Fall entschieden werden. Zudem ist darauf zu achten, die Fremdsteuerung zugunsten der Selbststeuerung zunehmend auszublenden.

Wichtig

Lerngruppen müssen seitens der Unternehmensleitung unterstützt werden. Die Ergebnisse sind zu verwirklichen, sonst verlieren Arbeitsgruppen auf längere Zeit an Motivation. Lerngruppen und die Mitgliedschaft in denselben müssen auf Freiwilligkeit beruhen und dürfen nicht verordnet werden.

Technische Voraussetzungen/Hilfsmittel

Als Hilfsmittel sind ein Moderatorenkoffer sowie Papier zur Dokumentation der Ergebnisse ausreichend.

Zusammenfassung

Unter einer Lerngruppe versteht man mehrere Personen in einem Unternehmen, die sich zum Zwecke des gemeinsamen Erfahrungsaustausches zusammengeschlossen haben.

Die Auswahl der zu bearbeitenden Themen erfolgt nach dem Nutzen, den diese für die Organisation und die Mitarbeiter schaffen.

Eine Lerngruppe muss von der Geschäftsführung unterstützt werden.

Lern- und Merkstrategien

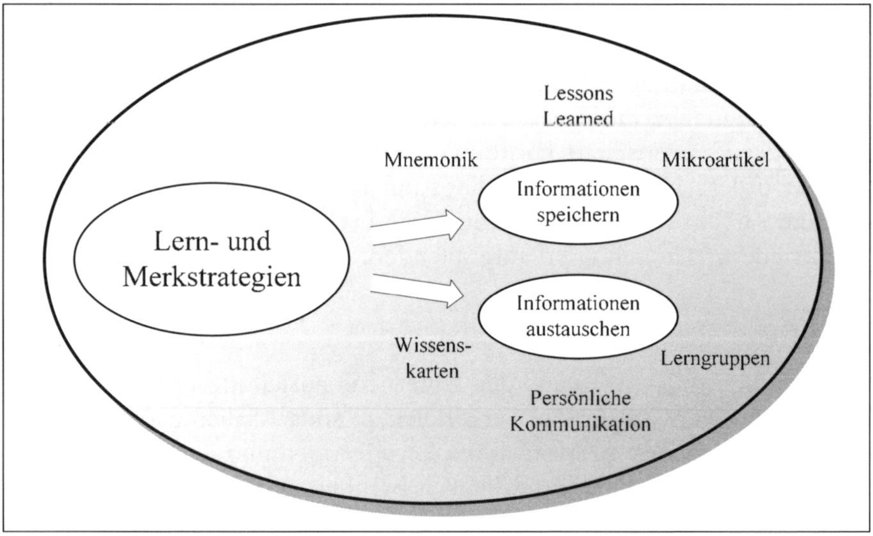

Wichtigste Eigenschaften und verwandte Werkzeuge

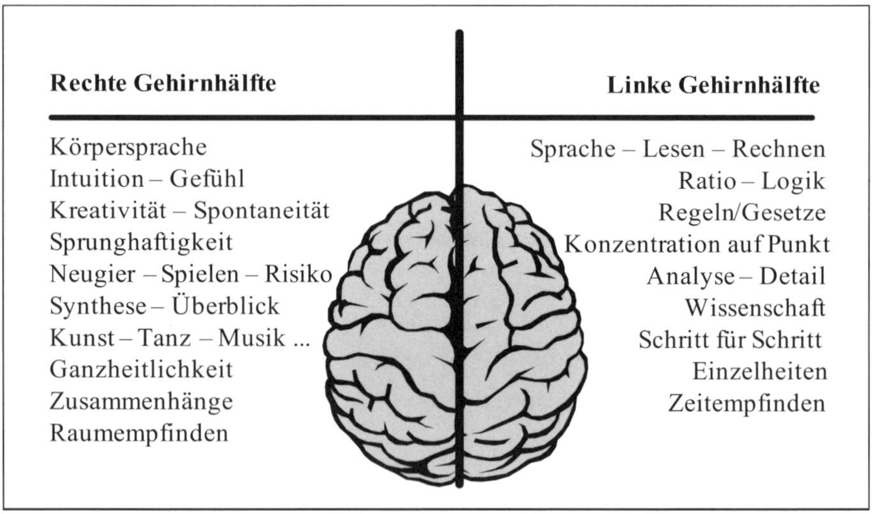

Funktionen der beiden Gehirnhälften

Charakteristik

Viele Menschen haben Schwierigkeiten, Informationen so zu verarbeiten, dass diese auch nach längerer Zeit noch abrufbar sind. Lern- und Merkstrategien unterstützen Personen dabei, das Lernen zu lernen.

Praktische Umsetzung

Die Umsetzung des Lernprozesses erfolgt dem nachfolgend beschriebenen Schema der Aufbereitung des Stoffs, der eigenen Strukturierung und der Umfeldschaffung.

Der Mensch besteht aus Körper und Geist, der Einklang dieser beiden Teile stellt unter anderem auch beim Lernen eine wichtige Grundlage dar. Um besser lernen zu können, sind folgende Aspekte zu beachten: der eigene *Biorhythmus;* die *Zeit,* in der man selbst am leistungsfähigsten ist; die *Aufbereitung und Strukturierung des Lernstoffs* (positives Assoziationsfeld, gut strukturierter Inhalt wird leichter behalten, Einbeziehen der rechten und linken Gehirnhälfte); *Lernen benötigt Zeit* (chemische Abläufe im Gehirn, Wiederholungen einplanen); *Einbindung der Sinnesorgane* (möglichst viele Sinnesorgane ansprechen bzw. einbinden); *Thementrennung* (nicht ähnliche Themen zur selben Zeit bearbeiten).

Wichtig

Es ist wesentlich, den Biorhythmus zu beachten und die richtige Umgebung zu schaffen. Um sich Themen leichter zu merken, kann auf Techniken des Gedächtnistrainings zurückgegriffen werden

Technische Voraussetzungen/Hilfsmittel

Es sind keine besonderen Hilfsmittel notwendig.

Zusammenfassung

Um besser lernen zu können, sind Kenntnisse über den eigenen Körper und Geist wichtig. Erst dann kann die richtige Strukturierung und Aufbereitung des Lernstoffs erfolgen.

Lessons Learned

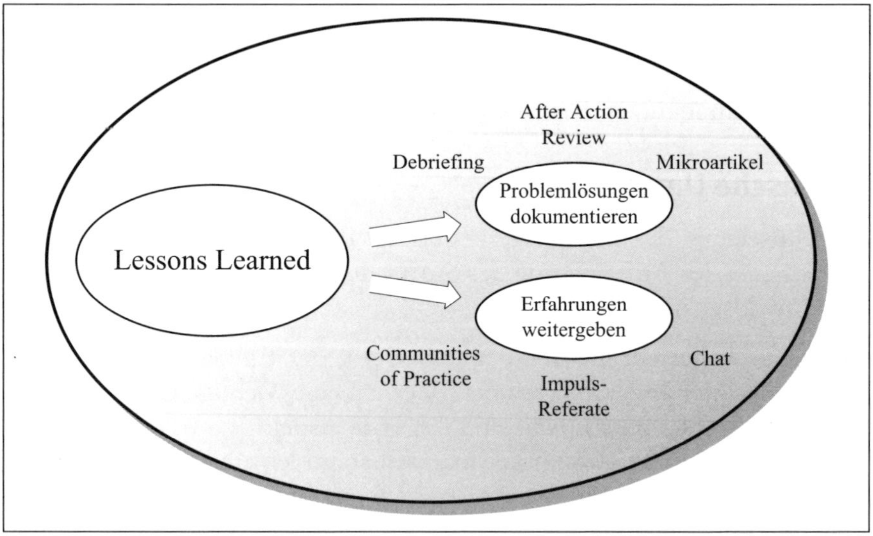

Wichtigste Eigenschaften und verwandte Werkzeuge

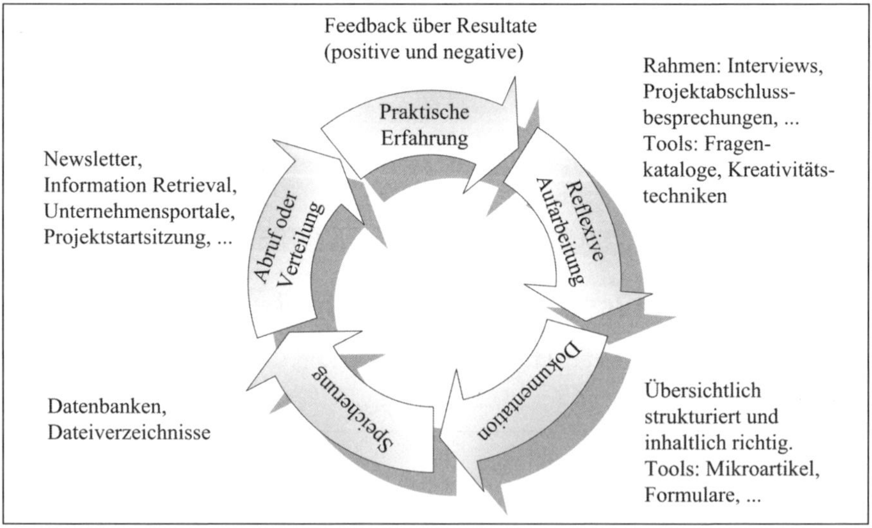

Prozesskreislauf Lessons Learned

Charakteristik

Lessons Learned sorgen dafür, dass mit Hilfe eines klar definierten und strukturierten Prozesses wesentliche Erfahrungen aufgearbeitet und die dabei gewonnenen Erkenntnisse dokumentiert und weitergegeben werden. Somit wird individuelles und organisationales Lernen unterstützt.

Praktische Umsetzung

Für die einzelnen Prozessschritte, die in nebenstehender Abbildung dargestellt sind, müssen die Verantwortlichkeiten und Methoden festgelegt und entsprechende Tools bereitgestellt werden.

Dabei ist zu entscheiden, wer den letzten Schritt, die Weitergabe der Erkenntnisse, veranlasst: die *Nutzer*, die bei Bedarf über Suchmechanismen entsprechende Dokumentationen abrufen, oder ein *Verteilmechanismus*, der mit Hilfe von Profilen potenzielle Interessenten ermittelt und neue Dokumentationen automatisch an diese weiterleitet. Besteht bei der ersten Methode ein erhöhtes Risiko, dass bestehendes Wissen nicht genutzt wird, so kann die zweite Methode leicht zu einer Informationsüberflutung führen.

Wichtig

Voraussetzung ist eine positive Fehlerkultur im Unternehmen, die das Zu- und Weitergeben negativer Erfahrungen erlaubt. Weiters sollten ausreichend zeitliche Ressourcen für die Durchführung zur Verfügung stehen.

Technische Voraussetzungen/Hilfsmittel

Diese hängen von den konkreten Wissensmanagement-Aktivitäten ab, von denen die einzelnen Prozessschritte gestützt werden.

Zusammenfassung

Lessons Learned fördern die wiederholte Anwendung von Erfahrungswissen. Der Prozess dient der strukturierten Aufnahme von positiven und negativen Erfahrungen und deren Sicherung und Verteilung.

Lexikonmethode

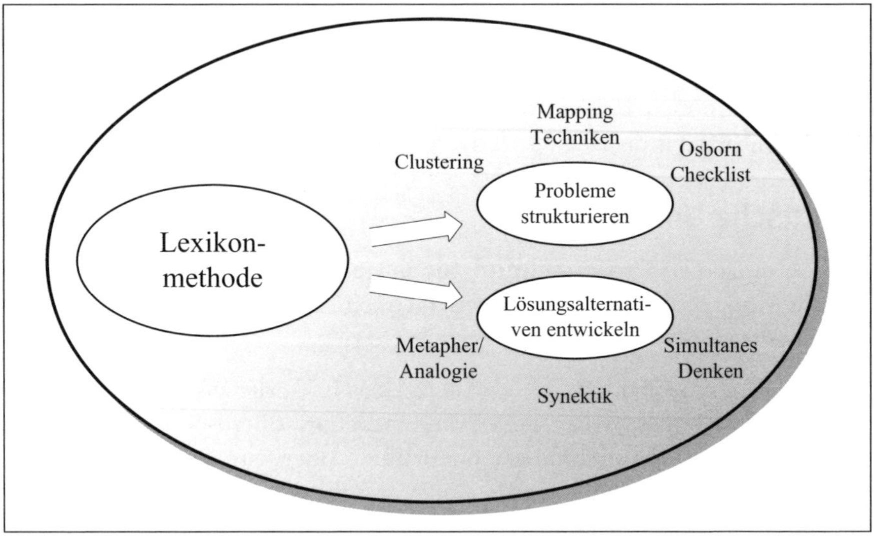

Wichtigste Eigenschaften und verwandte Werkzeuge

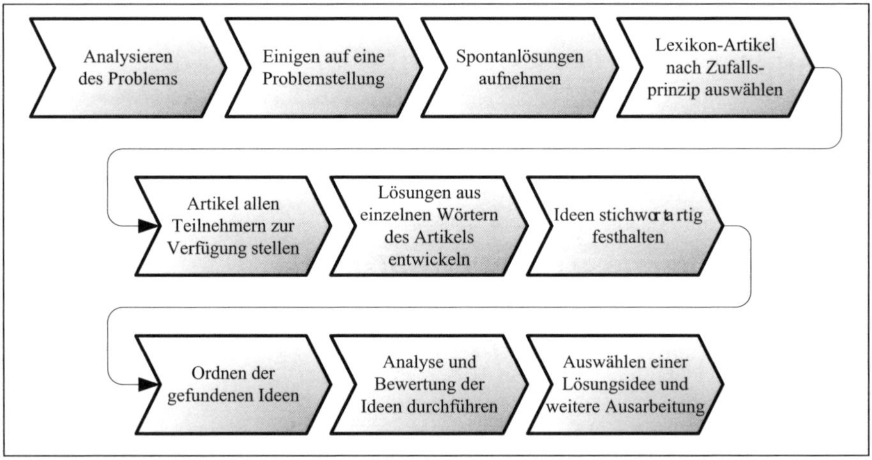

Ablaufschema für die Anwendung der Lexikonmethode

Charakteristik

Die Lexikonmethode dient dem Auffinden kreativer Ideen. Sie ist gut geeignet, unkonventionelle Lösungen zu entwickeln, und kann sowohl allein als auch in Gruppenarbeit durchgeführt werden.

Praktische Umsetzung

Nachdem die Problemstellung geklärt ist, wird die Aufgabe klar definiert und formuliert. Ein schriftliches Festhalten ist empfehlenswert. Im Anschluss daran wird ein Lexikon an einer beliebigen Stelle aufgeschlagen und ein Artikel nach dem Zufallsprinzip ausgewählt. Die Assoziation zur Problemstellung kann sowohl mit dem gewählten Begriff als auch mit einzelnen Wörtern des Artikels erfolgen. Die Ideen werden aufgenommen und im Anschluss geordnet und bewertet.

Weiters kann die Lexikonmethode auch zur Weiterentwicklung bestehender Lösungsansätze verwendet werden.

Wichtig

Während der Phase der Ideengenerierung ist Kritik zu vermeiden.

Technische Voraussetzungen/Hilfsmittel

Außer dem namensgebenden Lexikon wird eine Möglichkeit zur Vervielfältigung des Lexikonartikels für alle Teilnehmer benötigt.

Zusammenfassung

Die Lexikonmethode ist eine Kreativitätstechnik, die sich speziell zum Generieren von unorthodoxen Lösungen eignet. Der Einsatz bietet sich speziell dann an, wenn eine Gruppe beim Lösen eines Problems oder Weiterentwickeln einer Idee neuen Input braucht. Durch einen willkürlich ausgesuchten Artikel aus einem Lexikon und die Assoziation von einzelnen Begriffen mit der Problemstellung werden völlig neue Betrachtungsweisen gefunden.

Mapping-Techniken

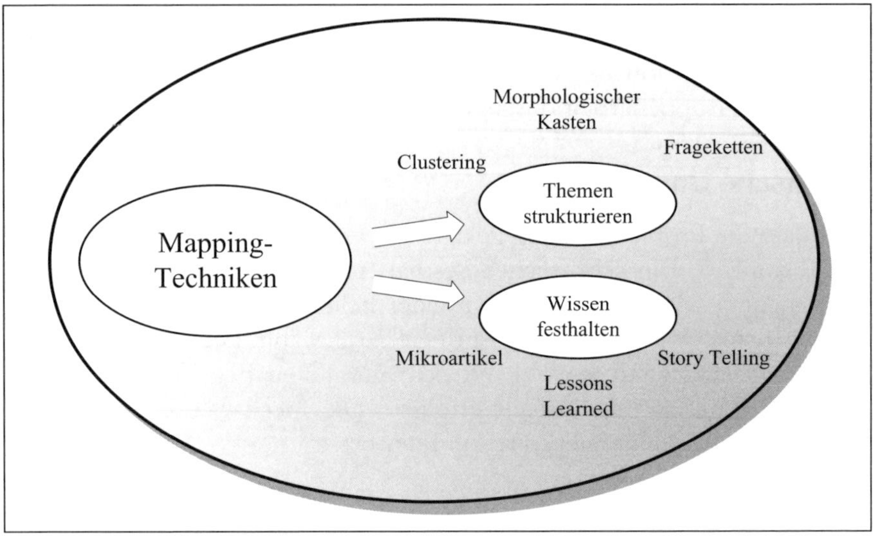

Wichtigste Eigenschaften und verwandte Werkzeuge

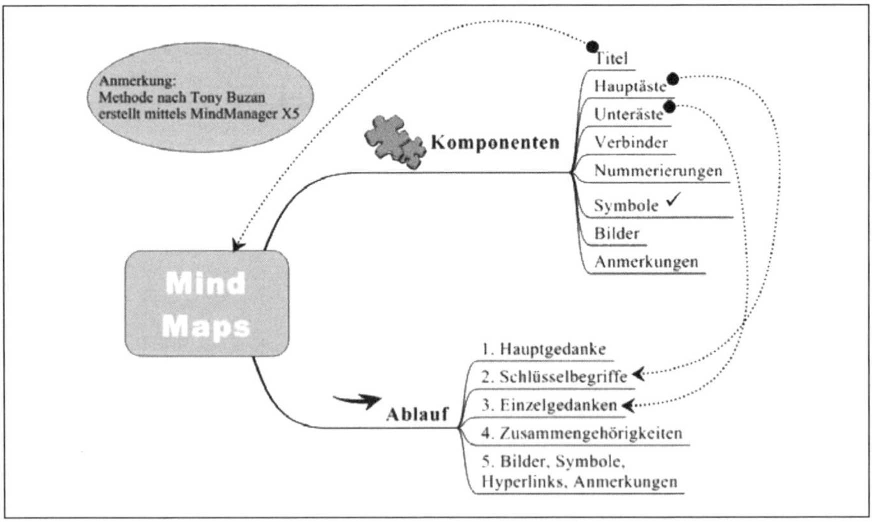

Ablaufschema und Beispiel für die Anwendung von Mind Mapping

Charakteristik

Mapping-Techniken kombinieren Sprache und Bild und repräsentieren dadurch eine „gehirngerechte" Methode, Wissen festzuhalten. Diese Art der Darstellung erleichtert die Strukturierung von Themengebieten und hebt sich von reinem Text hinsichtlich Übersichtlichkeit und Verständlichkeit ab.

Praktische Umsetzung

In den letzten Jahren wurden verschiedene Darstellungsformen entwickelt. *Cognitive Maps* bilden, ähnlich wie beim Clustering, Ideen als Punkte und die Beziehungen zwischen diesen Ideen als Verbindungslinien ab.

Am weitesten verbreitet ist jedoch die Methode des *Mind Mapping* nach Tony Buzan: Das Thema bildet den Ausgangs- bzw. Mittelpunkt, die zugehörigen Schlüsselbegriffe werden stichwortartig rundherum angeordnet. Diese Hauptäste verzweigen sich weiter in die Einzelgedanken. Da dieses Verzweigen über mehrere Ebenen hinweg erfolgen kann, entsteht eine baumartige Struktur. Zusammengehörige Unteräste werden dann noch durch Pfeile miteinander verbunden und abschließend entsprechende Bilder, Symbole, Hyperlinks und Anmerkungen zu den einzelnen Ästen hinzugefügt.

Wichtig

Um das Lernen mit beiden Gehirnhälften optimal zu unterstützen, muss auf die Auswahl von aussagekräftigen Bildern und Symbolen geachtet werden.

Technische Voraussetzungen/Hilfsmittel

Prinzipiell werden nur Papier und Buntstifte benötigt, der Einsatz spezieller Software (z. B. Mind Manager) kann aber das Leistungsspektrum erhöhen.

Zusammenfassung

Mapping-Techniken ermöglichen die Dokumentation und Strukturierung komplexer Themen mit Hilfe von Bildern und Sprache und unterstützen durch die Visualisierung das Lernen mit beiden Gehirnhälften.

Metapher

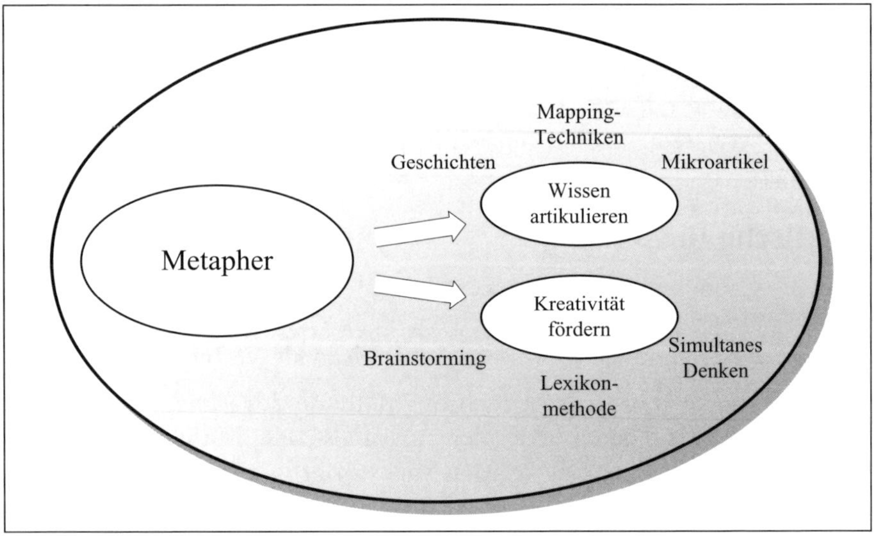

Wichtigste Eigenschaften und verwandte Werkzeuge

Funktionsweise von Metaphern

Charakteristik

Metaphern vermitteln schwer artikulierbares Wissen durch die Verwendung eines bildlichen Vergleichs und vereinfachen die Verständigung über Fachbereiche hinweg. Gleichzeitig ermöglicht die gedankliche Verknüpfung von nicht zusammengehörigen Themengebieten einen unkonventionellen Blickwinkel, der häufig zu neuen Einsichten führt.

Praktische Umsetzung

Eine Metapher setzt sich aus zwei Elementen zusammen: der *Quelle (Metaphorator)*, einem Gegenstand, über den alle Beteiligten ein gemeinsames Verständnis haben, und dem *Ziel (Metaphorand)*, welches erklärt oder über das neues Wissen gewonnen werden soll.

Der Wissenstransfer bzw. die Wissensgenerierung erfolgt durch die Übertragung des gemeinsamen Wissens über das Quellsubjekt auf das Zielsubjekt (siehe nebenstehende Abbildung). Auf diese Weise können fachspezifische Themen mit Bereichen des Alltags verbunden und mit wenig Vorwissen verständlich gemacht werden.

Wichtig

Metaphern leben gerade von ihrer Unschärfe und Vieldeutigkeit. Wenn sie allerdings übertrieben oft angewandt werden, sorgen sie eher für Irritation als für Klarheit.

Technische Voraussetzungen/Hilfsmittel

Der Einsatz von Metaphern ist an keine technischen Voraussetzungen gebunden.

Zusammenfassung

Metaphern erleichtern den Wissenstransfer und regen die Generierung von Wissen an, indem sie ein allseits bekanntes Thema mit dem zu erklärenden bzw. zu erforschenden Gegenstand vergleichen.

Mikroartikel

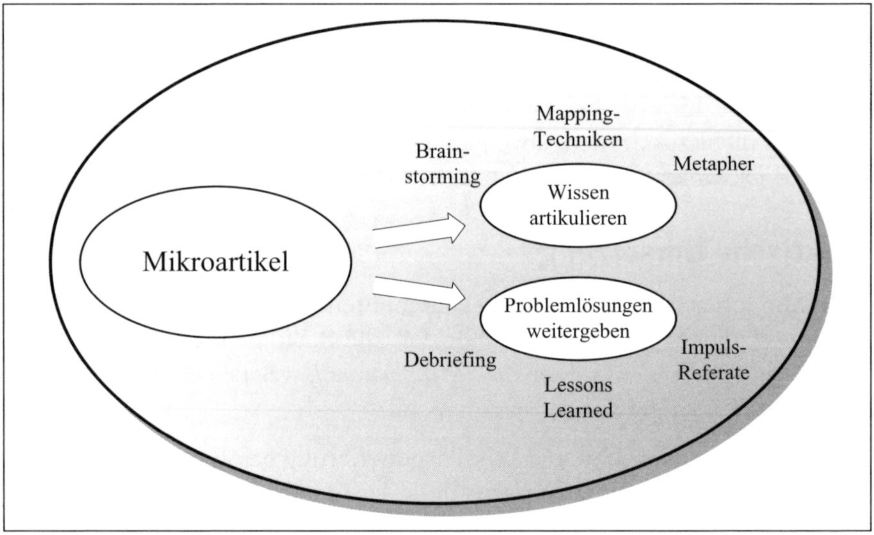

Wichtigste Eigenschaften und verwandte Werkzeuge

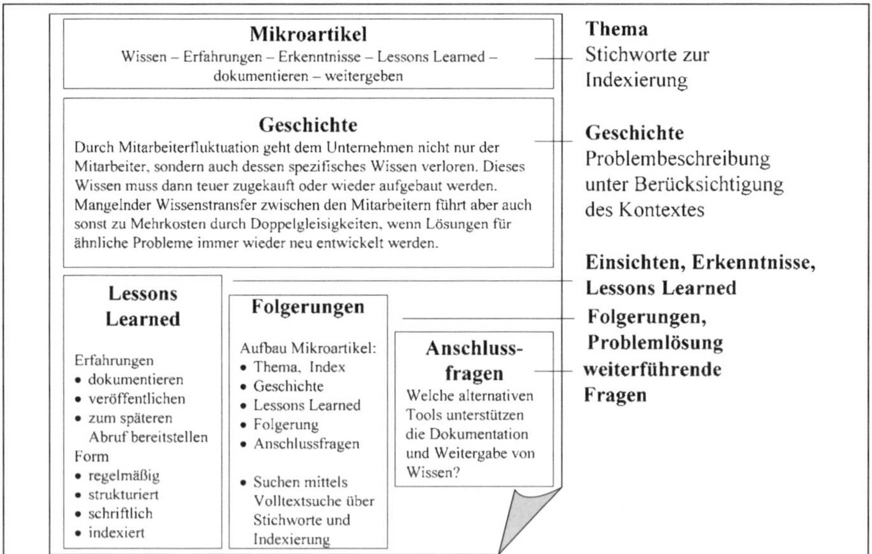

Aufbau einer Mikroartikel-Vorlage

Charakteristik

Mit Hilfe eines Mikroartikels kann Erfahrungswissen unkompliziert und mit geringem Zeitaufwand festgehalten und verbreitet werden. Durch die klar vorgegebene Struktur wird die übersichtliche Dokumentation eines Themenfeldes vereinfacht, beschleunigt und gleichzeitig das Risiko, entscheidende Informationen zu vergessen, reduziert.

Praktische Umsetzung

In einem ersten Schritt muss ein Vorlagedokument als verbindlicher Leitfaden für potenzielle Autoren ausgearbeitet und bereitgestellt werden. Dieses Dokument gliedert sich in der Regel in fünf Blöcke (siehe nebenstehende Abbildung). Darüber hinaus kann auch die Einbindung von Graphiken, Fotos etc. vorgesehen sein, wenn diese zum besseren Verständnis beitragen.

Wesentliche Erfahrungen und Erkenntnisse werden dann von den Mitarbeitern mit Hilfe des Vorlagedokuments in kurzen Sätzen oder Aufzählungen festgehalten. Dadurch können Kollegen bei Bedarf anhand der Stichwörter im Themenblock nach interessanten Artikeln suchen.

Wichtig

Damit dieses Tool auch tatsächlich genutzt wird, muss eine kritische Menge an Mikroartikeln und damit eine entsprechende Wahrscheinlichkeit, dass die gesuchte Information verfügbar ist, gegeben sein. Daneben muss auch die regelmäßige Aktualisierung der Artikel gewährleistet werden.

Technische Voraussetzungen/Hilfsmittel

Basis ist ein Textverarbeitungsprogramm, das die optische Gestaltung und die Stichwortsuche unterstützt.

Zusammenfassung

Mikroartikel unterstützen die Dokumentation und Nutzung von Erfahrungen mittels einer strukturierten Vorlage.

Morphologischer Kasten

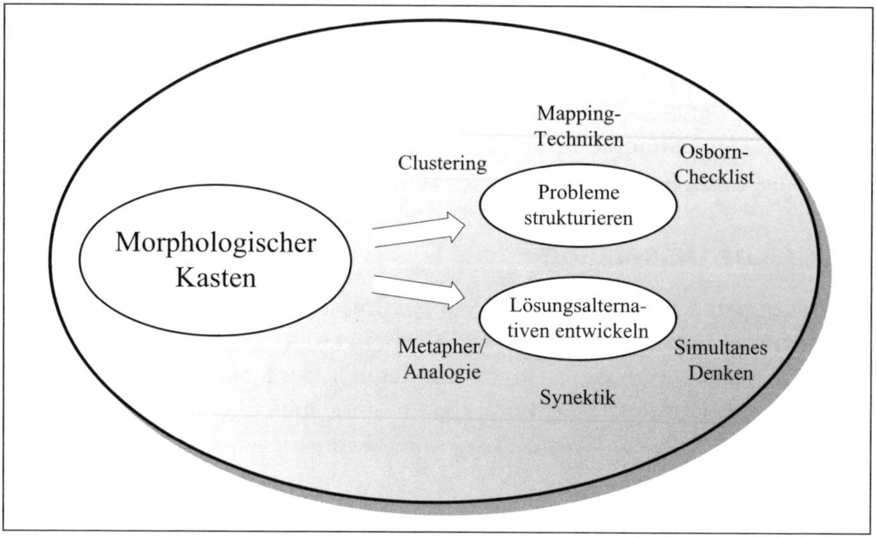

Wichtigste Eigenschaften und verwandte Werkzeuge

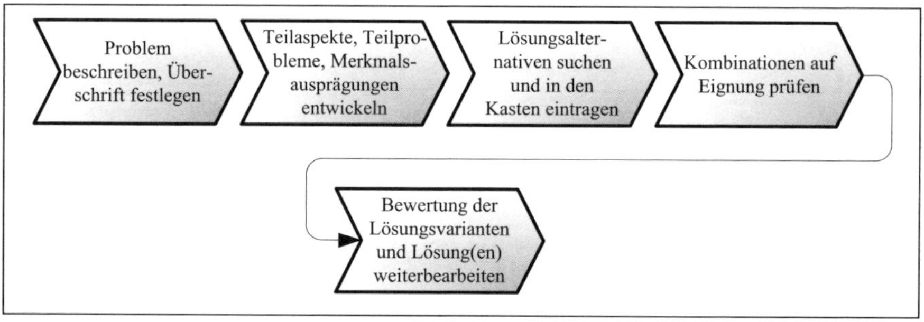

Fünf Arbeitsschritte zur Erstellung eines morphologischen Kastens

Charakteristik

Unter einem morphologischen Kasten versteht man ein Werkzeug zur Generierung und Strukturierung von Ideen. Er kann entweder als zweidimensionale Matrix oder als dreidimensionaler Kasten ausgeführt werden und unterstützt die Kombination mehrerer Komponenten oder Teillösungen zu Gesamtlösungen. Das Ergebnis wird visualisiert und trägt damit zur Verständlichkeit und Übersichtlichkeit bei.

Praktische Umsetzung

Die Erstellung ist in fünf Arbeitsschritte gegliedert, die auf der linken Seite dargestellt sind. Das Aufstellen und Ausfüllen des Kastens erfolgt durch die Aufteilung der Problemstellung in Teilprobleme und das Suchen und Eintragen möglichst vieler Lösungsvarianten für jedes Problemelement. Dabei wird zuerst das vorgegebene Problem definiert und die Überschrift des Kastens festgelegt (pro Problem ein Kasten). Es ist darauf zu achten, dass alle Teilnehmer ein gemeinsames Problemverständnis entwickeln. Im zweiten Schritt werden die Teilaspekte, Teilprobleme oder Merkmalsausprägungen des gestellten Problems durch Analyse herausgearbeitet. Weiters werden möglichst alle existierenden Lösungsalternativen zu den Teilproblemen in den Kasten bzw. in die Matrix eingetragen. Hier sollte auf Vollständigkeit, gute Vorbereitung und Recherche geachtet werden. Nun werden alle Kombinationen auf ihre Eignung als Lösung systematisch geprüft und analysiert. Bei großen Matrizen und besonders bei dreidimensionalen Kästen können Computerprogramme bei dieser Tätigkeit hilfreich sein. Abschließend werden die Lösungsvarianten bewertet und die optimale(n) Lösung(en) weiter ausgearbeitet.

Wichtig

Der Moderator sollte bei den Arbeitsschritten dafür sorgen, dass sich die Diskussion nicht zu sehr von der eigentlichen Fragestellung entfernt. Auf Grundvoraussetzungen, wie logische Unabhängigkeit, allgemeine Gültigkeit und Relevanz der einzelnen Elemente, muss besonderes Augenmerk gelegt werden. Ansonsten können diese Ausprägungen nicht zu Gesamtlösungen kombiniert werden oder Details, die in einem zu frühen Stadium der Entwicklung des morphologischen Kastens ausführlich beschrie-

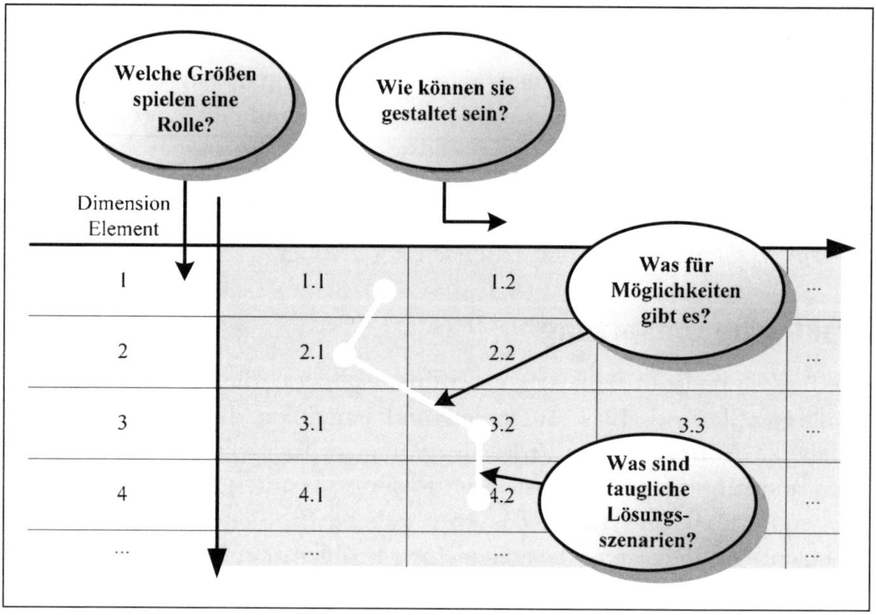

Kernfragen zur Erstellung eines morphologischen Kastens bzw. einer Matrix

Merkmal ↓	Ausprägung →			
Antrieb	*Motor*	*Turbine*	*Körperkraft*	*etc.*
Transportgut	*Menschen*	*Güter*	*Menschen und Güter*	*etc.*
Transportweg	*Luft*	*Straße*	*Schiene*	*etc.*
Steuerung durch	*Zentrales Steuerpult*	*Fahrer*	*Insasse*	*etc.*
etc.	*etc.*	*etc.*	*etc.*	*etc.*

Beispiel für einen morphologischen Kasten – als Matrix ausgeführt

ben wurden, machen den Kasten unübersichtlich und erschweren die Auswahl der möglichen neuen Kombinationen bzw. Lösungen.

Wie bei vielen anderen Werkzeugen zur Suche von Problemlösungen ist auch beim morphologischen Kasten darauf zu achten, dass im Zuge der Bearbeitung eine vorzeitige Bewertung unterbleibt. Der Zeitaufwand ist dabei nicht zu unterschätzen und sollte dementsprechend bei der Planung berücksichtigt werden!

Technische Voraussetzungen/Hilfsmittel

Grundsätzlich sind keine Hilfsmittel außer einem Bogen Papier, eventuell einem Flipchart und Schreibzeug notwendig.

Zusammenfassung

Der Morphologische Kasten ist bei der Strukturierung und der Entwicklung von Problemlösungsalternativen hilfreich.

Besonders sinnvoll kann er zur ganzheitlichen und systematischen Betrachtung eines Problems eingesetzt werden. Es empfiehlt sich der Einsatz dieses Tools im Rahmen eines Workshops unter der Leitung eines Moderators.

Networking

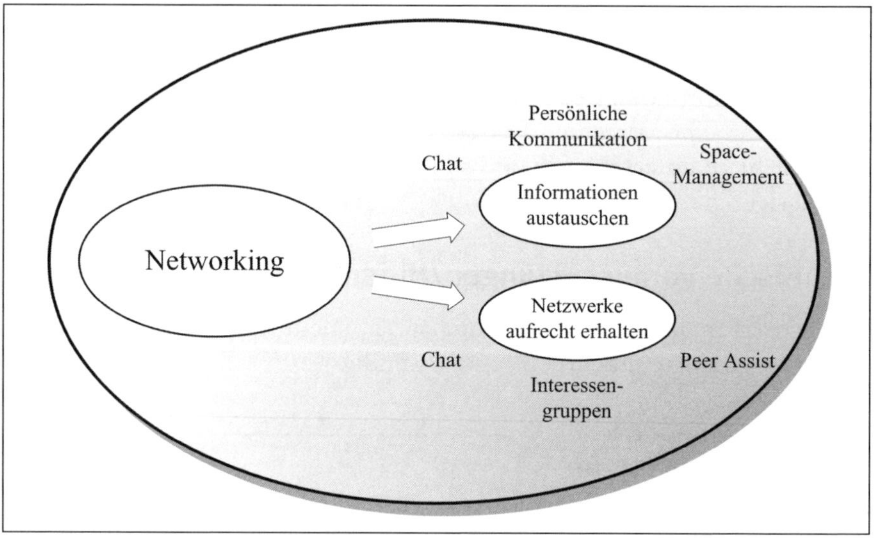

Wichtigste Eigenschaften und verwandte Werkzeuge

Die goldene Regel: First give, then take!

Wer in einer Interessengemeinschaft zuerst hilft, sich also für die Ziele anderer einsetzt, wirbt einerseits für die eigene Kompetenz und zeigt andererseits soziales Engagement. Wer sich an diese Regel hält, kann sicher sein, dass andere auch bereitwillig helfen, wenn es darauf ankommt.

Soziale Kompetenz bringt beim Networking Erfolg!

Nur wer es versteht, auf Gleichgesinnte in einer sympathischen Art und Weise einzugehen und dabei nicht nur sein eigenes Ziel vor Augen zu haben, kann langfristig mit der gewünschten Unterstützung rechnen.

Geduld haben und Zeit investieren!

Networking wirkt vor allem langfristig. Es reicht nicht aus, für ein einziges Anliegen kurzfristig eine Interessensgemeinschaft zu suchen und auf schnelle Unterstützung und Erfolg zu setzen. Wie Beziehungen im Allgemeinen braucht die Entwicklung von Seilschaften Zeit und Geduld.

Drei Regeln für erfolgreiches Networking

Charakteristik

Unter *Networking* versteht man im deutschen Sprachgebrauch „Beziehungen pflegen". Es ist damit ein Synonym für soziale Kontakte unter Gleichgesinnten, die einem bestimmten Zweck dienen.

Praktische Umsetzung

Durch Networking wird versucht, Kooperationen für berufliche oder private Interessengebiete zu finden. Im beruflichen Umkreis können Events und Messen genauso wie das Internet dienlich sein. Aktive Netzwerker arbeiten ständig an und in ihrem Netzwerk, das ein lebendes Gebilde darstellt. Ein wesentlicher Aspekt ist dabei die Integration neuer Kontakte, wobei hier nicht nach Gegensätzen, sondern nach gemeinsamen Interessen gesucht wird. Oberstes Prinzip beim Networking ist „Geben und Nehmen". Im Netzwerk ist jeder ein Gewinner, wobei erfolgreiches Networking weit mehr bedeutet, als nur Gleichgesinnte aufzuspüren (ein Beispiel für globales Networking für Geschäftsleute: www.xing.com).

Wichtig

Eine wesentliche Voraussetzung für funktionierendes Networking stellt eine gegenseitige Vertrauensbasis dar, die erarbeitet werden muss.

Technische Voraussetzungen/Hilfsmittel

Grundsätzlich sind keine Hilfsmittel notwendig, bei Networking auf räumliche Distanz sind jedoch moderne Informations- und Kommunikationstechniken (z. B. Instant Messaging und Chat via Internet) hilfreich und von Vorteil.

Zusammenfassung

Networking wird vorwiegend eingesetzt, um zu einem bestimmten Zweck Seilschaften zu gründen. Nicht selten sind Unternehmen aus der Umgebung eines Netzwerkes entstanden, bei dem sich Personen mit unterschiedlichen Ideen und Fähigkeiten zu einem neuen Team gefunden und in einer Firma organisiert haben.

Newsgroups

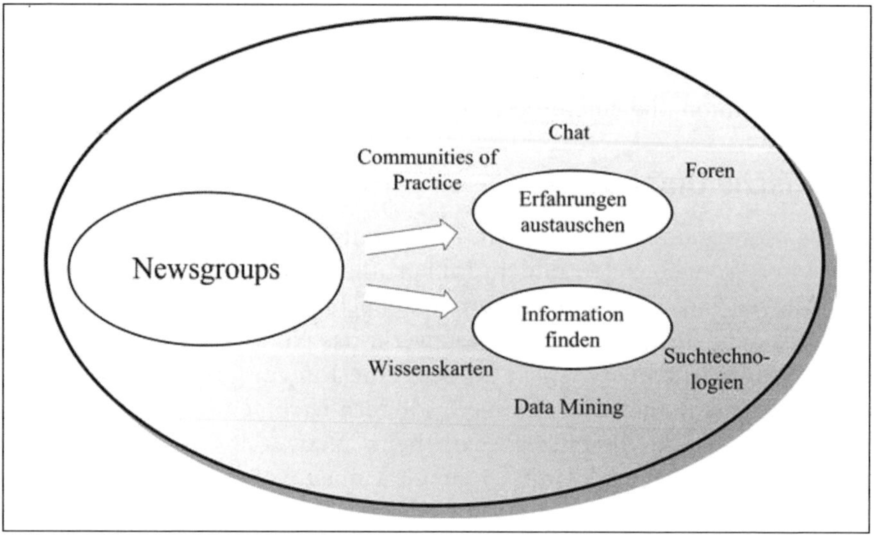

Wichtigste Eigenschaften und verwandte Werkzeuge

comp.* (computer) rund um den Computer (Hardware, Software, Betriebssysteme, ...)

hum.* (humanities) rund um die Geisteswissenschaften (Kunst, Literatur, Philosophie, ...)

misc.* (miscellaneous) diverse Themen

news.* (newsgroups) rund um den Bereich Newsgroups selbst

rec.* (recreation) rund um die Freizeitgestaltung (Hobbies, Spiele, ...)

sci.* (science) rund um Technik, Mathematik bzw. Naturwissenschaften

soc.* (social) rund um den Bereich Soziales

talk.* (talk) allgemeine Diskussionen

Top-Level-Hierarchien „The Big Eight“

Charakteristik

Newsgroups ermöglichen ihren Mitgliedern die asynchrone, also zeitversetzte Kommunikation untereinander zu den von ihnen abonnierten Themen. Mit Hilfe spezieller Computerprogramme *(Newsreader)*, zunehmend aber auch einfach mittels Browser kann jeder User Textbeiträge (Artikel) auf seinem Newsserver veröffentlichen und die Artikel anderer Newsgroup-Mitglieder abrufen. Die Beiträge werden weltweit verbreitet, indem miteinander verbundene Newsserver laufend ihre Inhalte abgleichen.

Praktische Umsetzung

Basis für den Austausch der Artikel ist der Name der Newsgroup. Dieser ist hierarchisch aufgebaut – beginnend mit der allgemeinen Bezeichnung hin zur speziellen (z. B. de.rec.reisen.misc ist eine deutschsprachige Newsgroup zum Thema Reisen). Die nebenstehende Abbildung zeigt den Begriffsstandard auf der obersten Ebene. Darüber hinaus weist sich jede Newsgroup durch eine Kurzbeschreibung (*Tagline*), die vom Newsreader erfasst wird, und eventuell eine ausführlichere Beschreibung (*Charta*) aus.

Wichtig

Newsgroups bilden einen offenen, dezentralen Raum ohne Autoritäten. Daher spielt die Einhaltung informeller Verhaltensregeln (Netiquette) für das Diskussionsklima eine wesentliche Rolle – man sollte sich mit der „Hausordnung" vor dem Posten der ersten Beiträge vertraut machen. Unerwünscht sind etwa die Verwendung von ausschweifenden Sätzen und Akronymen.

Technische Voraussetzungen/Hilfsmittel

Notwendig ist der Zugang zu einem Newsserver im Internet und teilweise spezielle Software (Newsreader).

Zusammenfassung

Newsgroups sind ausgedehnte Nachrichtenforen zu abgegrenzten Themenbereichen, in denen die Beiträge der Mitglieder über Newsserver verbreitet werden.

Osborn-Checklist

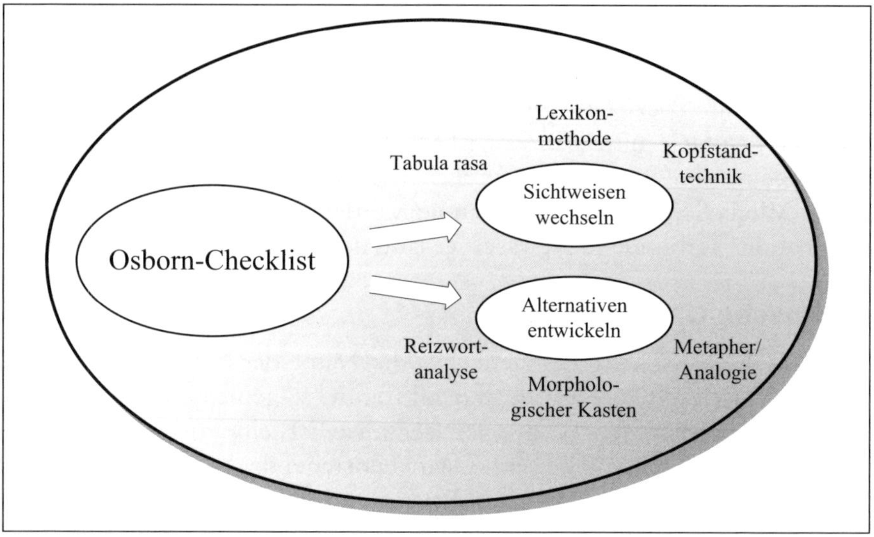

Wichtigste Eigenschaften und verwandte Werkzeuge

Osborn-Checklist

- ☐ **Put to other uses** (Anders verwenden – Parallelen finden, andere Zielgruppe)
- ☐ **Adapt** (Was ähnelt dieser Idee, was könnte man nachahmen?)
- ☐ **Modifiy** (Farbe, Form, Klang, Geruch, Bewegung, Bedeutung, …)
- ☐ **Magnifiy** (Vergrößern, etwas hinzufügen, dicker, schwerer, schneller machen)
- ☐ **Minify** (Verkleinern, etwas weglassen, langsamer, kompakter, kürzer machen)
- ☐ **Substitute** (Umformen, ersetzen, anderes Material, andere Bestandteile verwenden)
- ☐ **Rearrange** (Neu anordnen, anders zusammenfügen, Reihenfolge ändern)
- ☐ **Reverse** (Umkehren, auf den Kopf stellen, Gegenteil der Idee verwenden)
- ☐ **Combine** (Kombinieren, zusammenfügen, vermischen, in Bausteine zerlegen)
- ☐ **Transform** (Lässt es sich ausdehnen, verflüssigen, zusammenballen, härten)

Schema für die Anwendung der Osborn-Checklist

Charakteristik

Die Osborn-Checklist unterstützt durch die Nutzung verschiedener Gestaltungsmöglichkeiten neue Ideen. Besonders gut geeignet ist sie für Fälle, in denen bereits bestehende Ideen und Lösungen weiterentwickelt werden sollen.

Praktische Umsetzung

Die wesentlichen Punkte der Osborn-Checklist sind auf der linken Seite dargestellt. Diese geben Anstoß für neue Lösungen oder Lösungsansätze.

Wenn eine Gruppe mit der kreativen Arbeit der Ideen und Lösungsfindung nicht mehr vorankommt, bietet sich der Einsatz dieser Methode durch einen Moderator an. Die Checkliste sollte vollständig durchgearbeitet werden. Erst wenn zu einem Punkt keine Ideen und Vorschläge mehr von der Gruppe kommen, sollte der nächste Punkt bearbeitet werden. Nach Betrachtung aller Gesichtspunkte liegt der Gruppe eine Sammlung von noch nicht ausformulierten Ideen vor. In der weiteren Arbeit können diese nun skizziert, weiterentwickelt, bewertet und ausgewählt werden.

Wichtig

Die Osborn-Checklist eignet sich auch zur Nachbearbeitung einer Brainstorming-Sitzung.

Technische Voraussetzungen/Hilfsmittel

Es sind keine technischen Hilfsmittel notwendig.

Zusammenfassung

Die Osborn-Checklist ist ein Werkzeug, das die systematische Betrachtung einer Problemlösung aus allen Perspektiven ermöglicht. Sie eignet sich zur Optimierung bestehender Produkte, allerdings weniger zum Finden von völlig neuen Lösungen. Durch die Überprüfung eines Produkts anhand der Checkliste werden Verbesserungspotenziale aufgezeigt.

Peer Assist

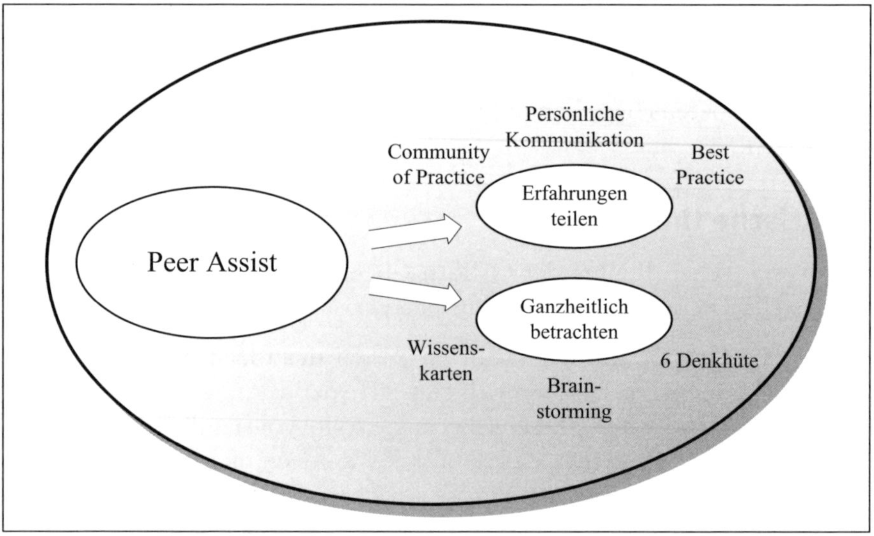

Wichtigste Eigenschaften und verwandte Werkzeuge

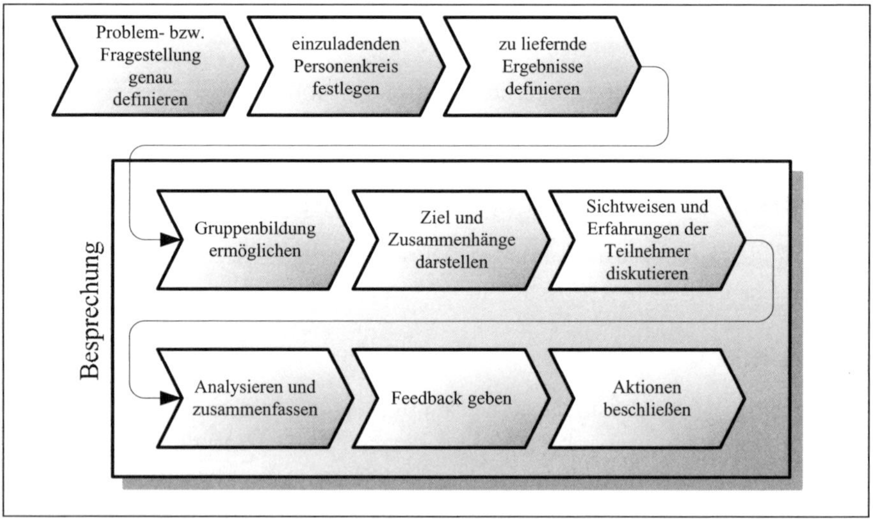

Vorbereitung und Ablauf von Peer Assists

Charakteristik

Peer Assists dienen dem Zweck, vom Nächsten zu lernen. Normalerweise wird diese Methode am Beginn von Projekten durchgeführt, um ein möglichst ganzheitliches Bild einer Situation zu erhalten und um von bisher gemachten Erfahrungen anderer zu profitieren.

Praktische Umsetzung

Zu Beginn eines Projektes, Arbeitspaketes oder Ähnlichem werden ausgewählte Personen, die nicht direkt mitarbeiten werden, zu einer halb- bis eineinhalbtägigen Besprechung eingeladen.

Die Teilnehmer sollten entweder bereits an ähnlichen Fragestellungen gearbeitet haben oder eine innerhalb des Teams fehlende Perspektive für die Problemstellung einbringen. Sie müssen jedoch nicht unbedingt Angehörige des Unternehmens sein.

Vorbereitung und Ablauf des Peer Assists sind in der Grafik links dargestellt.

Wichtig

Die Auswahl der Personen und die Beachtung von gruppendynamischen Prozessen sind die Schlüsselkriterien für den Erfolg von Peer Assists.

Technische Voraussetzungen/Hilfsmittel

Für die Durchführung von Peer Assists bedarf es keiner technischen Hilfsmittel. Ein angenehmes Umfeld fördert die Qualität der Ergebnisse.

Zusammenfassung

Peer Assists werden am Beginn von Projekten, Arbeitspaketen oder Ähnlichem durchgeführt.

Die Methode hilft, die Zusammenhänge möglichst ganzheitlich zu erfassen und von Erfahrungen und Sichtweisen nicht direkt am Projekt mitarbeitender Personen zu profitieren.

Persönliche Kommunikation

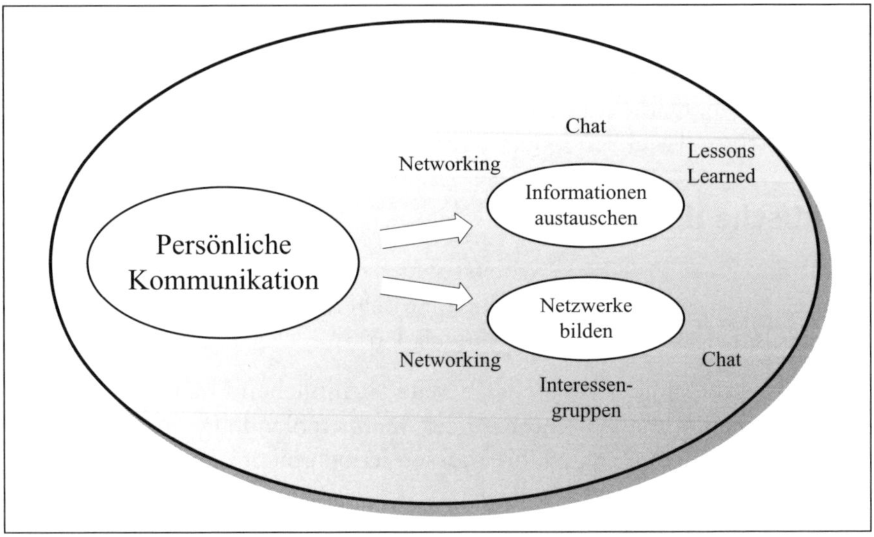

Wichtigste Eigenschaften und verwandte Werkzeuge

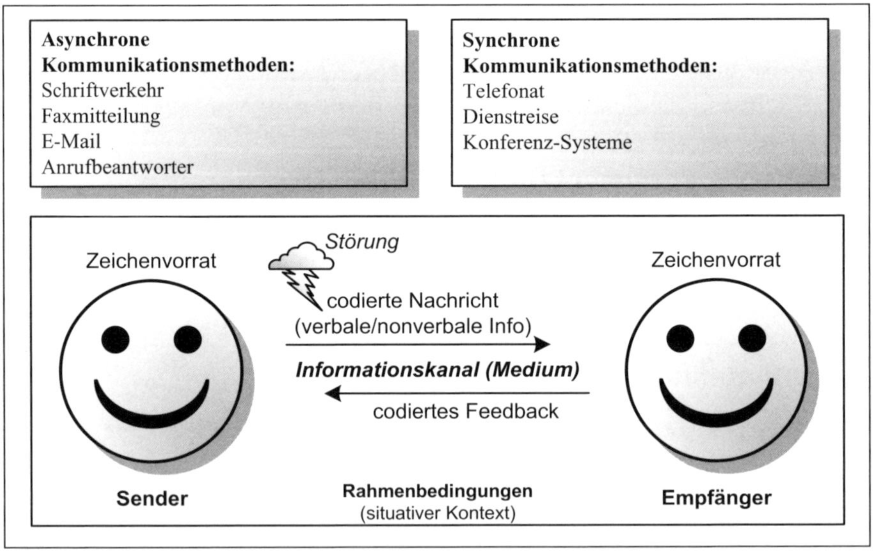

Kommunikationsmethoden, Sender-Empfänger-Modell nach Wiska

Charakteristik

Unter (persönlicher) Kommunikation versteht man eine spezifische Form der Interaktion (zumeist durch Sprache) zwischen zwei oder mehreren Individuen, wobei es hier speziell um die Kommunikation zum Zweck des Informations- und Wissensaustauschs geht.

Praktische Umsetzung

Besonders im betrieblichen Umfeld muss darauf geachtet werden, dass positive Rahmenbedingungen für die Kommunikation existieren bzw. aufgebaut werden. Dazu zählt unter anderem die Bereitstellung aller technischen Voraussetzungen, um eine reibungslose Kommunikation zu gewährleisten.

Wichtig

Bei der persönlichen Kommunikation kommt es auf drei Rahmenbedingungen an, die diese erst möglich machen. Individuen müssen sich finden, sich verstehen (das heißt eine gemeinsame Sprache sprechen) und motiviert sein, Wissen und Informationen auszutauschen. Dabei kommt es nicht selten zur Fehleinschätzung, dass die Kommunikation geklappt hätte. Deshalb ist es wichtig, sicherzustellen, dass die zu übermittelnde Nachricht, die geschickt in die Konversation eingebaut werden kann, auch angekommen ist.

Technische Voraussetzungen/Hilfsmittel

Grundsätzlich sind keine Hilfsmittel notwendig, außer man kommuniziert über größere Distanzen. Dabei kann moderne Informations-, Kommunikations- und Medientechnik gute Dienste leisten.

Zusammenfassung

Die persönliche Kommunikation ist eines der zentralen, fast immer unbewusst eingesetzten Werkzeuge des Wissensmanagements. Sie ist die Basis der Wissensweitergabe und sollte im Unternehmen gefördert und frei von Zensur zugelassen werden.

Portfolio

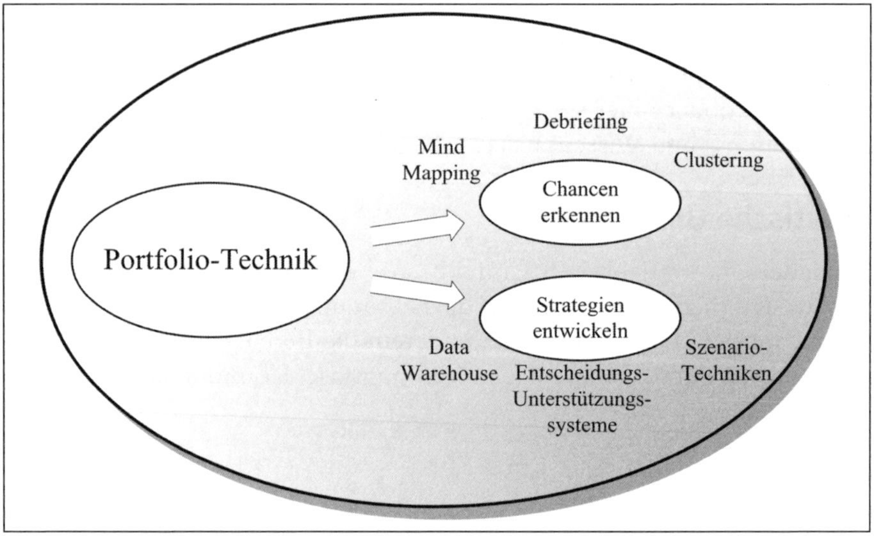

Wichtigste Eigenschaften und verwandte Werkzeuge

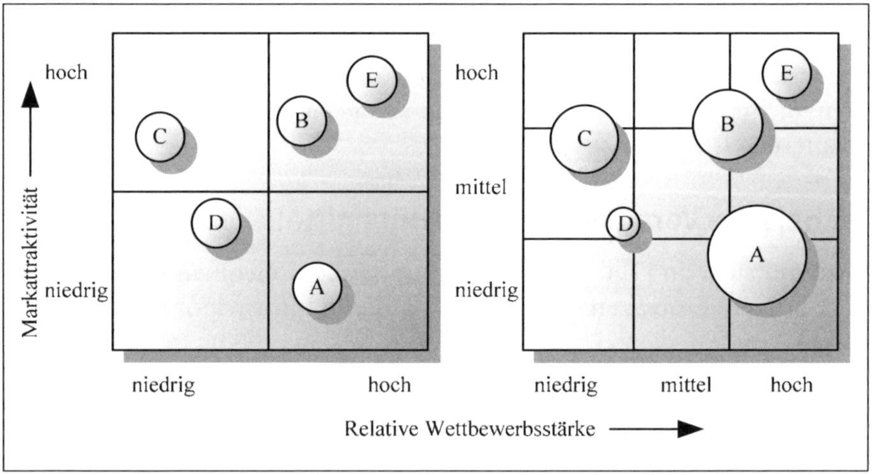

Beispiele für 4- und 9-Felder-Portfolios

Charakteristik

Die Portfolio-Technik geht auf diverse Unternehmensberatungen wie Boston Consulting Group oder McKinsey zurück. Sie hat aufgrund ihrer einfachen Struktur und ihrer klaren Visualisierung von Entscheidungsgrundlagen in der strategischen Planung, im Risikomanagement und im Multiprojektmanagement große Bedeutung.

Praktische Umsetzung

Ein Portfolio ergibt sich durch die vereinfachte Auftragung von zu bewertenden Elementen in einem xy-Diagramm. Die Achsen dieses Diagramms weisen keine detaillierte Skalierung auf, sondern nur zwei oder drei Bereiche. Dadurch entsteht ein Diagramm mit vier bzw. neun Feldern, die jeweils eine gemeinsame Bewertung erfahren. Die bewerteten Elemente werden meist in Form von Kreisflächen abgebildet, wobei durch die Größe eine zusätzliche dritte Dimension erfasst werden kann.

Wichtig

Die Darstellung und Gewichtung der Werte beruhen oft auf nicht direkt messbaren Daten und sind daher vielen subjektiven Einflussfaktoren unterworfen. Um eine gewisse Überprüfbarkeit zu gewährleisten, sollten die verbalen Formulierungen zur Bewertung der einzelnen Positionen stichwortartig festgehalten werden.

Technische Voraussetzungen/Hilfsmittel

Technische Lösungen können eingesetzt werden. Die Unterstützung beschränkt sich allerdings auf die Darstellung und Ergebnisdokumentation.

Zusammenfassung

Portfolios sind zweidimensionale Darstellungsformen, die gerne zur Beurteilung von Marktsituationen herangezogen werden. Dabei können aber auch andere Wertpaare einander gegenübergestellt werden. Ergebnis ist eine stark vereinfachte Darstellung, die als Basis zur Entscheidungsfindung gut geeignet ist.

Reizwortanalyse

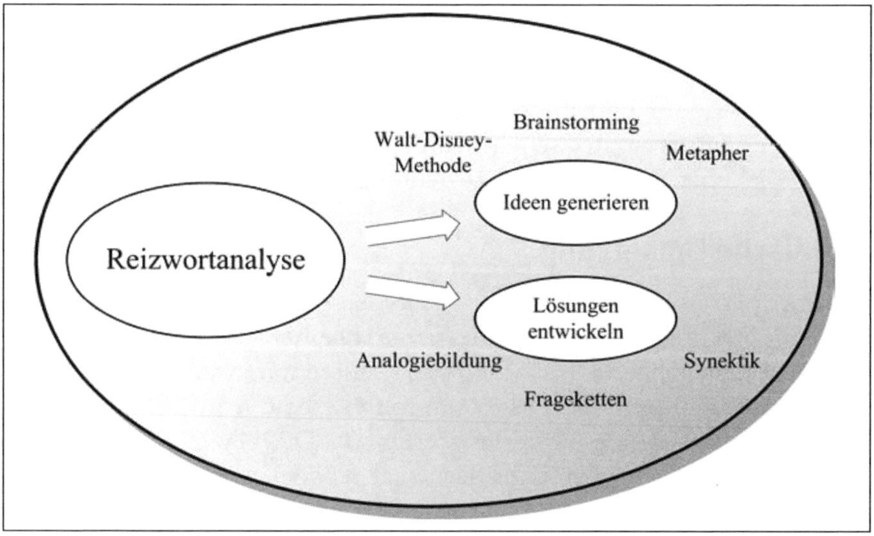

Wichtigste Eigenschaften und verwandte Werkzeuge

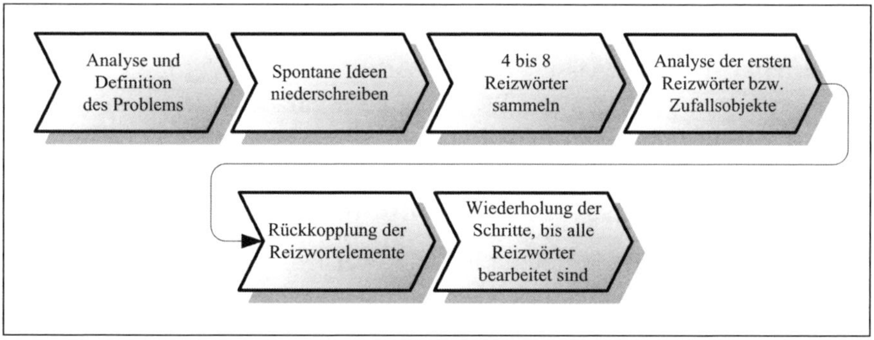

Ablaufschema für die Reizwortanalyse

Charakteristik

Unter Reizwortanalyse versteht man eine Technik zur Förderung der Intuition/Abstraktion. Dabei wird der Problemlöser mit problemfremden Bildern und Werten konfrontiert. In Phasen der Ideengenerierung bzw. kreativen Suche nach Lösungen von Aufgabenstellungen ist der Einsatz der Reizwortanalyse sinnvoll.

Praktische Umsetzung

Der Ablauf der Reizwortanalyse ist auf Seite 186 dargestellt, wobei auf Seite 187 Kommentare und Punkte angefügt sind, die beim Einsatz dieser Kreativitätstechnik zu beachten oder nützlich sind. Bei der Technik werden Dinge und Ereignisse aus dem Umfeld analysiert, um in diesen möglicherweise einen Ablauf oder ein Gestaltungselement zu entdecken, das zu einer Idee anregt. Die Suche nach einem Reizwort kann zum Beispiel durch willkürliches Aufschlagen eines Lexikons mit dem Vorsatz, das erste Hauptwort in der zweiten Zeile zu benutzen, erfolgen. Das Schriftstück, das die Quelle des Reizwortes darstellt, muss nicht zwingend mit dem Thema der Aufgabenstellung zu tun haben.

Beispiel – die Entwicklung neuer Produkte in der Automobilindustrie: Das zufällig gewählte Reizwort „Videorekorder" wird analysiert. Einer der vielen Einfälle dazu lautet „Kindersicherung". Diese Idee lässt sich auf das ursprüngliche Problem übertragen – wie z. B. die Kindersicherung bei Fahrzeugtüren.

Wichtig

Die Auswahl jener Dinge, aus denen Anregungen gewonnen werden sollen, erfolgt keinesfalls spekulativ, sondern mit Absicht. Bei technischen bzw. körperlich-gestalthaften Problemen sollten die Reizobjekte möglichst gegenständlicher Art sein, da sich sinnhafte Elemente häufig nicht mit technischen Gebilden verbinden lassen (z. B. „Vaterland" mit „Entwicklung eines Wasserkochers"). Bei strategischen, Verhaltens-, Kommunikations- und ähnlichen Problemen (nicht technischen) sind Ereignisse und Geschehnisse aus dem Gesellschaftsleben als Reizobjekte gut geeignet. Hierbei können auch Filme, Romane, Märchen und Mythen gute Lieferanten von Reizwörtern sein.

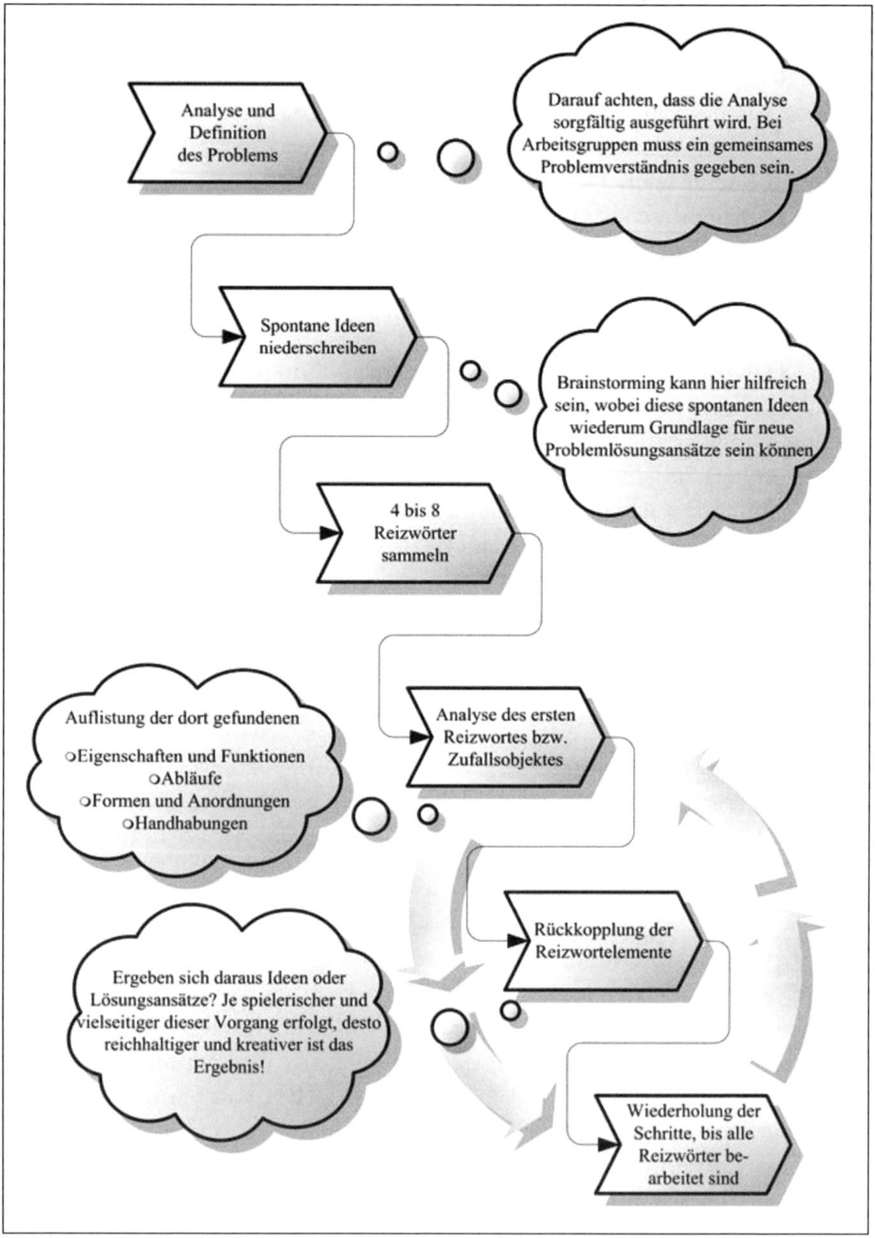

Bemerkungen zum Ablaufschema

Um gute Ergebnisse zu erzielen, sollte die Reizwortanalyse öfter geübt werden, um gedankliche Barrieren (Sinnhaftigkeit des Reizwortes im Zusammenhang mit dem Problem etc.) abzubauen.

Technische Voraussetzungen/Hilfsmittel

Als Hilfsmittel können ein Lexikon, eine Fachzeitschrift oder ein Katalog dienen. Es gibt aber auch hilfreiche Computerprogramme, die Reizwörter zu Themenstellungen vorgeben.

Zusammenfassung

Die Reizwortanalyse unterstützt die Ideenfindung und den Kreativitätsprozess. Dabei werden – entweder von Einzelpersonen oder auch gemeinsam in Arbeitsgruppen – Reizwörter und -objekte gesucht, die dann durch strukturierte Analyse Ideen zum gestellten Problem hervorbringen.

Semantisches Netz

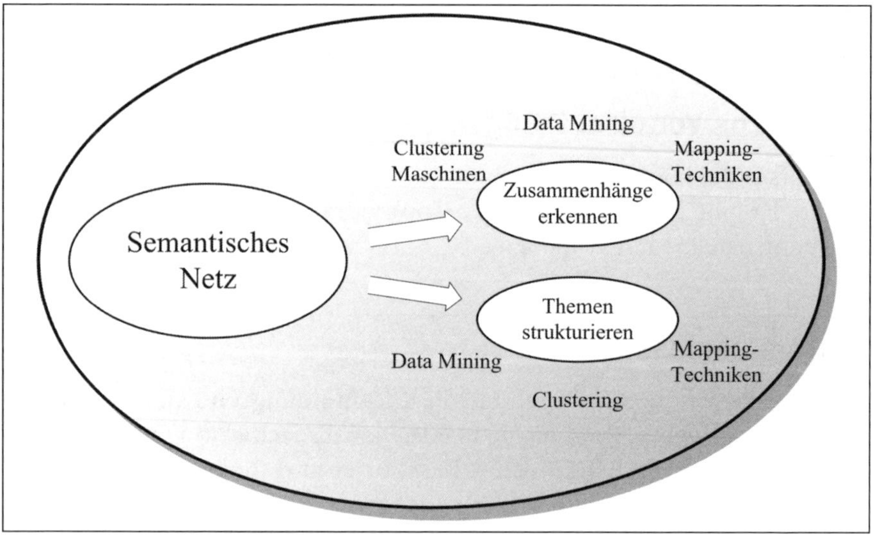

Wichtigste Eigenschaften und verwandte Werkzeuge

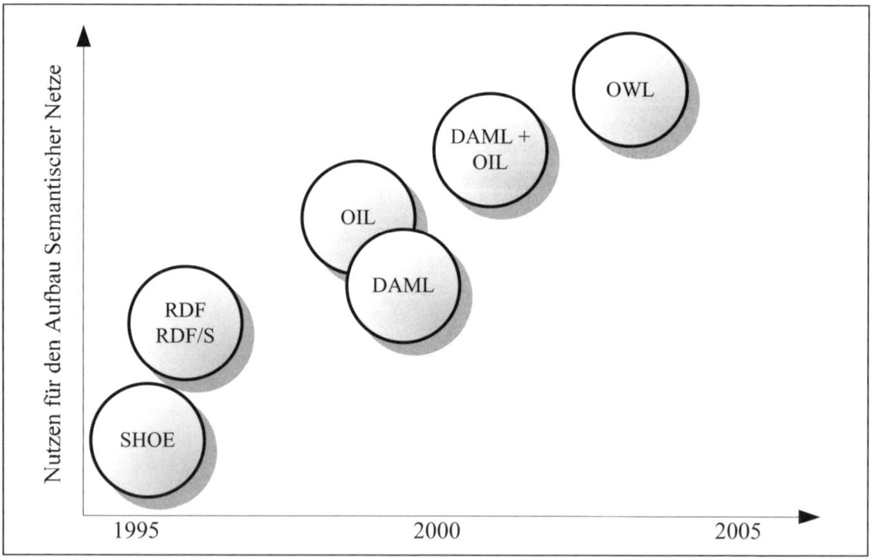

Entwicklung von Sprachen für den Aufbau des semantischen Netzes

Charakteristik

Unter einem semantischen Netz werden Daten verstanden, die nach einem vorgegebenen Schema mit Metadaten (Inhaltsbeschreibungen) versehen wurden. Solche Netze bestehen aus Begriffen, den sogenannten Knoten, und den Beziehungen zwischen diesen Knoten.

Derzeit wird intensiv an Möglichkeiten geforscht, das World Wide Web durch Hinzufügen von Metadaten in ein semantisches Netz umzustellen. Obwohl dieses Web 2.0 noch nicht Realität ist, gibt es erste Initiativen und Lösungen, deren Funktionalitäten auf diesen Technologien basieren.

Thesauren und Topic Maps nach ISO 13250, einfachere Formen eines Semantischen Netzes, sind in der Praxis bereits weit verbreitet.

Unter einem *Thesaurus* versteht man ein festgelegtes Vokabular, dessen Begriffe zusammenhängen. Diese Vereinheitlichung der Sprache innerhalb eines Systems (z. B. eines Unternehmens) hilft, Kommunikationsprobleme zu vermeiden. Solche vereinheitlichten Begriffswelten werden vielfach in Dokumentenmanagement-Systemen für die Zuordnung von Metadaten zu einem Dokument verwendet.

Topic Maps bestehen aus Knotenpunkten, die Beschreibung, Typ, Name und Quelle beinhalten, und den Beziehungen zwischen den Knotenpunkten, den sogenannten Relationen. Diese Systeme werden von einigen Software-Herstellern seit einigen Jahren erfolgreich implementiert.

Der größte Vorteil der semantischen Netze gegenüber der Volltextsuche ist das Finden von Dokumenten, die über- oder untergeordnete Begriffe enthalten, sowie die einfache Navigation. Auch elektronische Agenten (siehe Werkzeug *Agenten*) können durch die Abbildung der logischen Zusammenhänge in einem semantischen Netz wesentlich komplexere Aufgaben erledigen.

Praktische Umsetzung

Der Aufbau eines semantischen Netzes in der Ausprägung, wie dies in Zukunft für das World Wide Web geplant ist, scheint derzeit nur mit erheblichem Aufwand realisierbar. Deshalb wird hier speziell auf Thesauren und Topic Maps eingegangen, die bereits jetzt wesentliche Bedeutung haben.

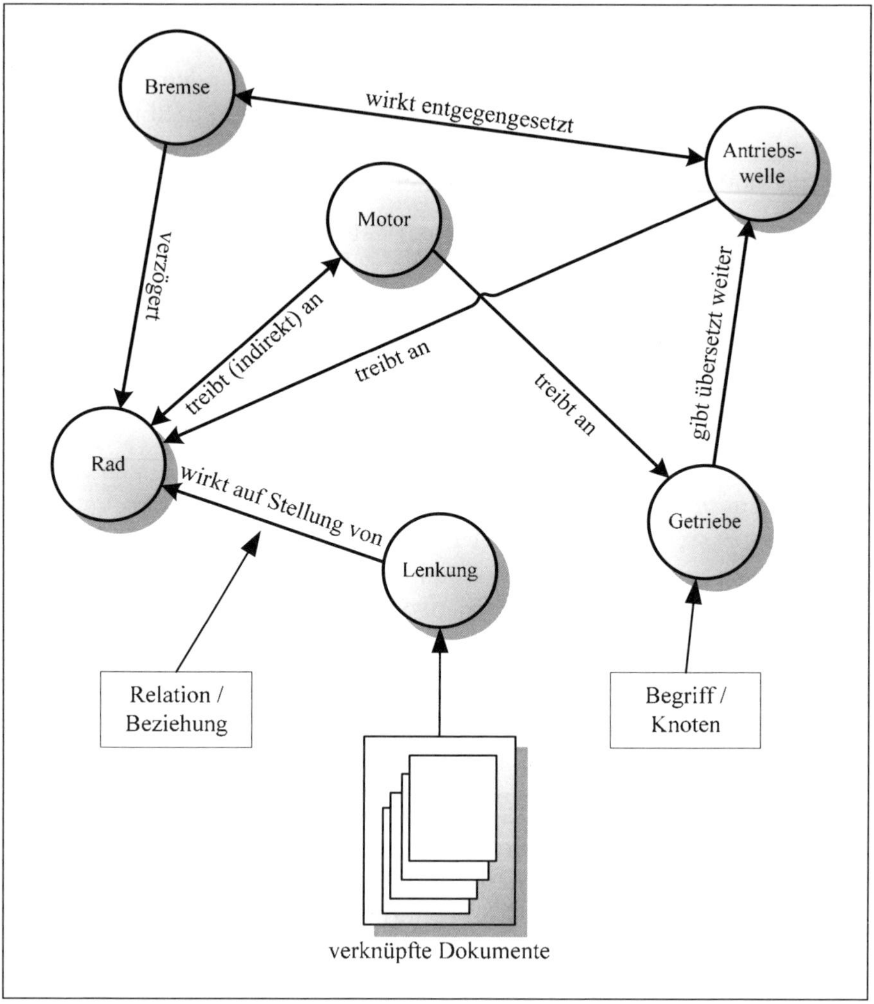

Eine Topic Map am Beispiel von Automobil-Komponenten

Thesauren unterscheiden sich von normalen Schlagwortkatalogen durch die hierarchischen Relationen zwischen den Begriffen.

Solche Relationen sind beispielsweise die *Vererbungsrelation* (ein Auto gehört zur Klasse der Kraftfahrzeuge), die *Instanzenrelation* (ein Mercedes ist eine Instanz der Klasse Auto) und die *Partitive Relation* (das Lenkrad ist ein Teil eines Autos). Neben den hierarchischen Relationen ist die zweite bedeutende Art die *Eigenschaftsrelation* (das Auto hat eine rote Farbe).

Die Erstellung eines Thesaurus innerhalb einer Einheit, beispielsweise in einem Unternehmen, ist vor allem durch die Definition der Relationen zwischen den Begriffen sehr zeitaufwändig. Ist diese Vereinheitlichung des Sprachgebrauchs allerdings erst einmal erstellt, erfolgt die Kommunikation wesentlich effizienter als zuvor.

Im Prinzip gilt für Topic Maps eine ähnliche Vorgehensweise. Der aufwändigste Teil, die Erstellung der Basis-Semantik, erfolgt in vielen Fällen durch die Analyse von vorhandenen Dokumenten automatisiert.

Wichtig

Da sich das Umfeld, in dem semantische Netze verwendet werden, ständig ändert, müssen Letztere „lebendige" Systeme sein, die dynamisch an neue Gegebenheiten angepasst werden können.

Technische Voraussetzungen/Hilfsmittel

Zur Erstellung von Thesauren oder Topic Maps sind keine Hilfsmittel notwendig. Der Aufwand zur Erstellung lohnt sich allerdings erst, wenn elektronische Systeme darauf zugreifen und die Vorteile nutzen.

Zusammenfassung

Semantische Netze bestehen aus Knoten und den Beziehungen zwischen diesen Knoten. Sie eignen sich zur formalen Darstellung von Strukturen mit einer großen Anzahl von Dokumenten.

Semantische Netze bieten wesentliche Vorteile für die Effizienz der Kommunikation und für die Suche und Navigation in Dokumenten.

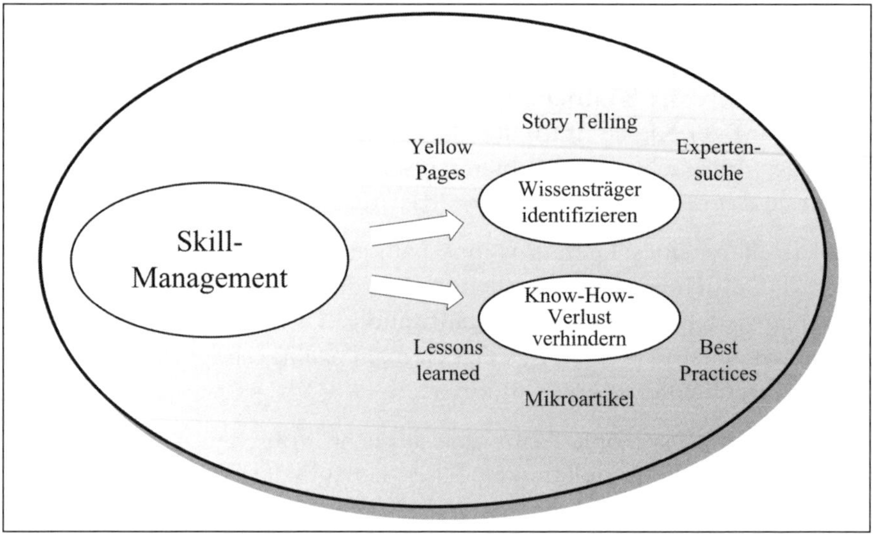

Wichtigste Eigenschaften und verwandte Werkzeuge

Skalierung für internes Expertenangebot

1 – Grundkenntnisse
Mitarbeiter verfügt über erste Erfahrungen
2 – Erweiterte Kenntnisse
Mitarbeiter kann selbständig arbeiten
3 – Experte
Mitarbeiter beherrscht das Fachgebiet
4 – Coach/Trainer
Mitarbeiter kann andere im Fachgebiet unterrichten

Skalierung für Deckung mit Stellenprofilen

1 – nicht erfüllt

2 – teilweise erfüllt

3 – voll erfüllt

4 – Anforderungen übertroffen

Skalierungen für verschiedene Anwendungen von Skill-Management

Charakteristik

Unter Skill-Management versteht man das zielgerichtete Aufbauen von Fähigkeiten und Fertigkeiten durch Bildungsmaßnahmen.

Praktische Umsetzung

Ausgangspunkt für jede Skill-Management-Implementierung muss eine Definition der kurz- und mittelfristigen Anforderungen an Qualifikationen von Mitarbeitern im Unternehmen sein. Basierend auf den daraus erstellten Soll-Profilen können für einzelne Funktionen verschiedene Karrierestufen definiert werden. Die Erfassung der bestehenden Qualifikationsprofile stellt den nächsten Schritt dar. Nach dem Vergleich von Ist- und Soll-Qualifikation beginnt, durch individuelle Personalentwicklungsmaßnahmen, das zielgerichtete Aufbauen der benötigten Kenntnisse.

Auch ist es sinnvoll, wenn Mitarbeiter ihre eigenen Skills im Unternehmen zur Verfügung stellen. Dadurch können interne Spezialisten leichter gefunden und sinnvoll eingesetzt werden.

Wichtig

Die erfassten Fähigkeiten müssen sich an Tätigkeiten orientieren, die im Unternehmen bereits vorhanden sind oder bald wichtig sein werden.

Technische Voraussetzungen/Hilfsmittel

Die Erfassung der Qualifikationsprofile sollte EDV-gestützt erfolgen. Hilfreich ist es, wenn Mitarbeitern die aktive Teilnahme an der Erstellung ihrer Profile ermöglicht wird (ESS – Employee Self Service).

Zusammenfassung

Skill-Management soll dazu beitragen, dass die Mitarbeiter eines Unternehmens optimal nach ihren Fähigkeiten und Fertigkeiten eingesetzt werden. Dazu werden die benötigten Skills zukunftsorientiert definiert, die bestehenden Qualifikationen erfasst und Maßnahmen entwickelt.

Soziale-Netzwerke-Analyse

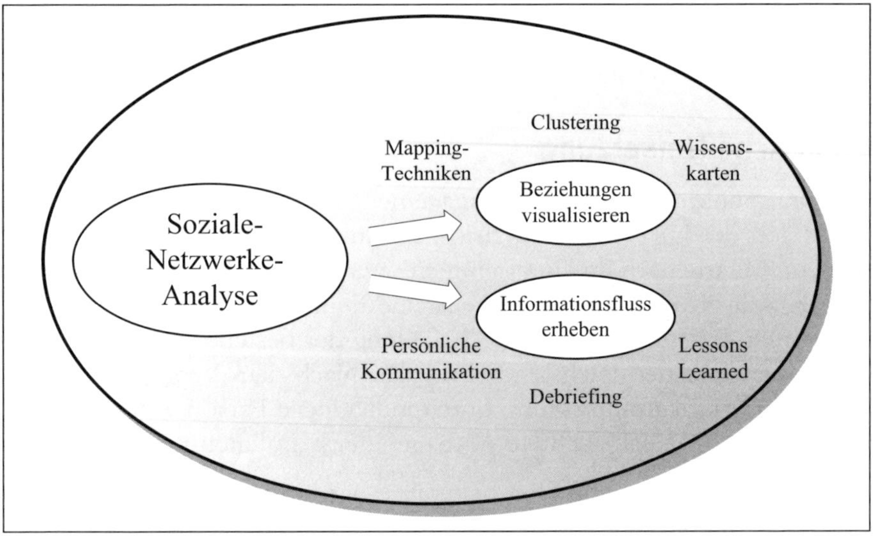

Wichtigste Eigenschaften und verwandte Werkzeuge

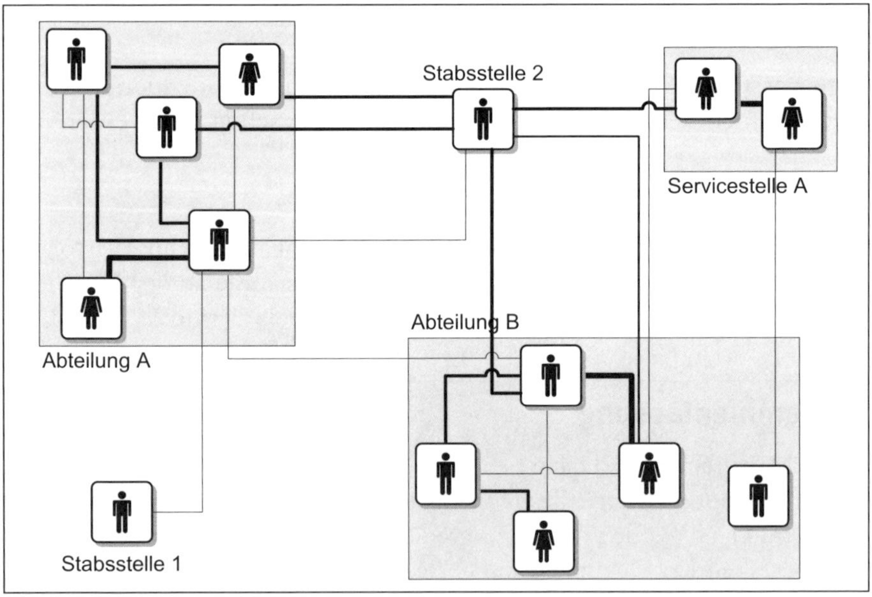

Beispiel für eine Soziale-Netzwerke-Analyse

Charakteristik

Als Soziale-Netzwerke-Analyse (SNA) bezeichnet man eine spezielle Art der Visualisierung von Kontakten oder Informationsflüssen zwischen Personen, Personengruppen oder Abteilungen. Diese Technik ist ein wertvolles Hilfsmittel, um Stärken und Schwächen in der Kommunikation zu erkennen und in weiterer Folge gezielt daran zu arbeiten.

Praktische Umsetzung

Mit Hilfe einer SNA können Fragestellungen im sozialen und fachlichen Bereich, wie die Anzahl der fachlichen Kontakte, die Zahl der Kontakte zu einem speziellen Thema, die Intensität der Zusammenarbeit u. Ä., visualisiert werden.

Aus diesem Grund ist es erforderlich, die genaue Fragestellung vor Beginn der Datenerhebung festzulegen, welche normalerweise mit Hilfe eines Fragebogens erfolgt. Um ein übersichtliches Bild zu erhalten, ist es notwendig, die Anzahl der Kontakte pro Person auf eine bestimmte Anzahl zu begrenzen.

Bei der Darstellung der Ergebnisse werden die Personen oder Personengruppen als Knotenpunkte und die Intensität des Kontaktes durch die Stärke der Verbindungslinie dargestellt.

Wichtig

Die Qualität und Aussagekraft des Ergebnisses ist vor allem von der Fragestellung und von der Art der Datenerhebung abhängig.

Technische Voraussetzungen/Hilfsmittel

Für die Darstellung der Ergebnisse ist nur ein Blatt Papier und ein Stift erforderlich. Alternativ dazu gibt es eine Vielzahl von Shareware-Programmen, welche die Visualisierung sehr gut und einfach übernehmen.

Zusammenfassung

Die Soziale-Netzwerke-Analyse ist ein sehr einfach und effizient anzuwendendes Hilfsmittel, um Stärken und Schwächen im Bereich der Kommunikation und des Informationsflusses zu visualisieren.

Space-Management

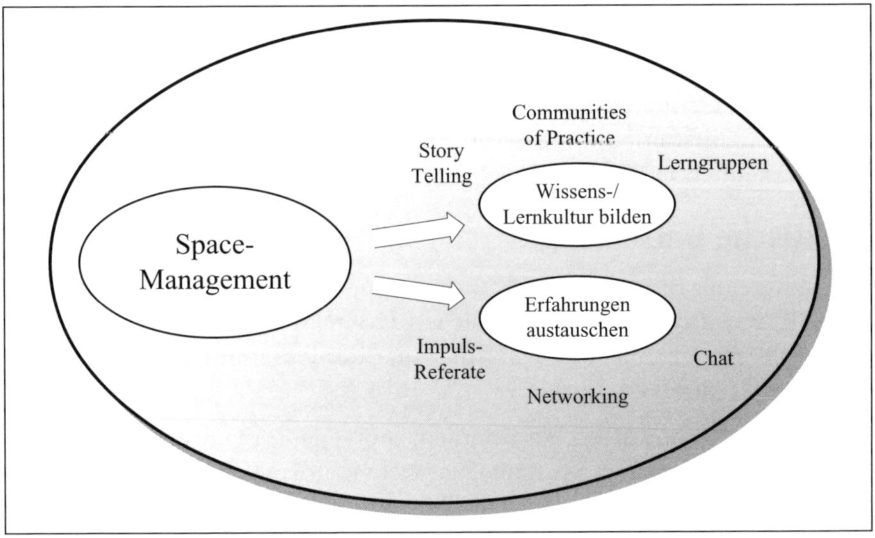

Wichtigste Eigenschaften und verwandte Werkzeuge

Begegnung und Kommunikation durch die Einplanung von Schnittpunkten

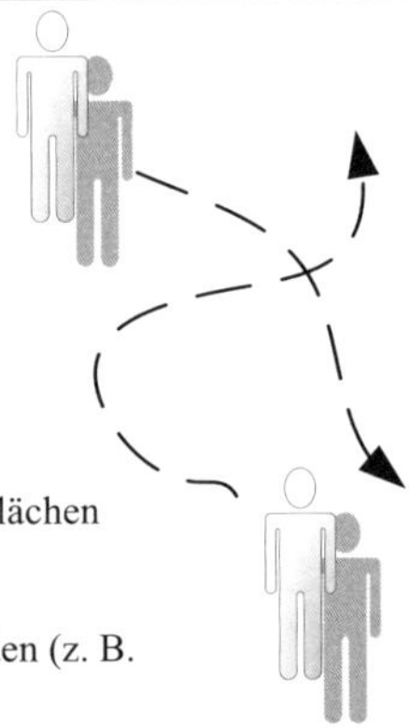

Technische Infrastruktur, die abteilungsübergreifend zur Verfügung steht (z.B. Kopiergeräte, Drucker, Postfächer)

Breite, helle Gänge und Foyers, die zu „Gesprächen im Vorübergehen“ einladen

Transparente Raumteiler, die Arbeitsplätze und Verkehrsflächen visuell vernetzen

Einladende Erholungsräume, die gemeinsam genutzt werden (z. B. Pausenräume, Kantine, Getränkeautomaten)

Beispiele für die Umsetzung von Space-Management

Charakteristik

Space-Management steht für eine architektonische Gestaltung des Arbeitsumfeldes, die die Ziele des Wissensmanagements berücksichtigt. Durch entsprechende Maßnahmen werden Kontaktschwellen zwischen den Mitarbeitern abgebaut sowie die informelle Kommunikation und abteilungsübergreifende Zusammenarbeit gefördert.

Praktische Umsetzung

Um die Institutionalisierung einer Wissens- und Lernkultur zu begünstigen, werden bei der Konzeption der Arbeits- und Aufenthaltsbereiche Schnittpunkte zwischen verschiedenen Funktionseinheiten geschaffen, sodass sich die Wege der Mitarbeiter verschiedener Abteilungen während der Arbeit und/oder während der Erholungspausen kreuzen. Nebenstehende Abbildung stellt einige Ansatzpunkte für solche Maßnahmen vor. Im Rahmen der dadurch herbeigeführten informellen Begegnungen kommen Mitarbeiter ins Gespräch und können Informationen, Erfahrungen und Ideen austauschen.

Wichtig

Die unübliche Offenheit und Transparenz kann im Unternehmen Irritationen auslösen und auf Widerstand stoßen. Deshalb müssen die Mitarbeiter bei der Umstellung ihrer Arbeitsgewohnheiten unterstützt und Rückzugsmöglichkeiten geboten werden.

Technische Voraussetzungen/Hilfsmittel

Space-Management setzt auf bauliche Maßnahmen, wobei manchmal bereits geringfügige Umstrukturierungen greifen.

Zusammenfassung

Space-Management fördert die Entwicklung einer Wissenskultur, indem Orte der Begegnung und Kommunikation eingeplant und dadurch der abteilungsübergreifende Informations- und Gedankenaustausch forciert werden.

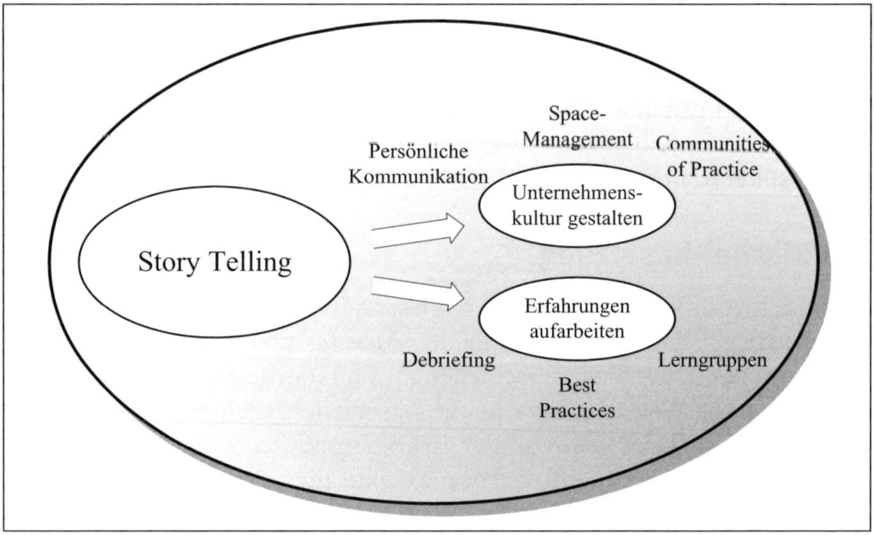

Wichtigste Eigenschaften und verwandte Werkzeuge

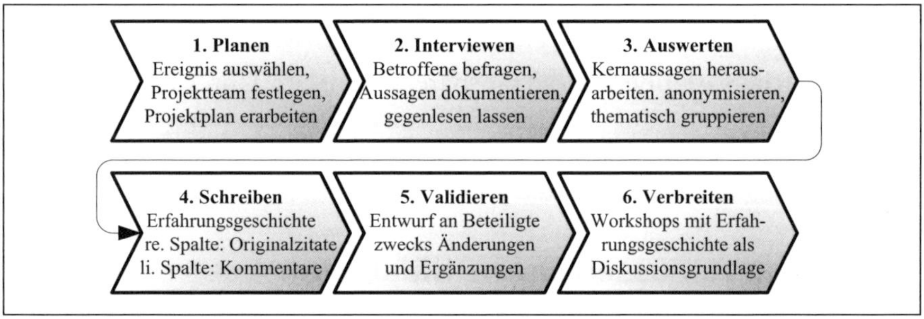

Sechs-Phasen-Modell zur Erarbeitung einer Erfahrungsgeschichte

Charakteristik

Story Telling unterstützt die organisationsweite Auseinandersetzung mit einem bedeutenden Ereignis mit Hilfe des Mediums Geschichte, wobei neues, auf Erfahrungen basierendes Wissen erzeugt und transportiert wird. Da dieser Lernprozess sämtliche funktionalen und hierarchischen Ebenen einbezieht, eignet sich dieses Tool besonders zur aktiven, bewussten Gestaltung der Unternehmenskultur.

Praktische Umsetzung

Im Rahmen der sechs Phasen des Story Tellings (siehe die Abbildung auf Seite 200) wird ein Ereignis, das zu einem unerwarteten Ergebnis positiver oder negativer Art führte, identifiziert, aus möglichst vielen Sichtweisen hinterfragt und werden die aus dieser Betrachtung resultierenden Erkenntnisse weitergegeben.

Dabei ist der Prozess der Auf- und Ausarbeitung mindestens ebenso wichtig wie dessen Resultat, die gemeinsame Erfahrungsgeschichte.

Wichtig

Wesentliches Erfolgskriterium ist die Einbeziehung aller Beteiligten, gegebenenfalls auch über das Unternehmen hinaus. Deshalb müssen von Anfang an erhebliche personelle und zeitliche Ressourcen eingeplant werden.

Technische Voraussetzungen/Hilfsmittel

Für Story-Telling-Sitzungen sollte die übliche Workshop-Ausstattung bereitgestellt werden.

Zusammenfassung

Mittels Story Tellings wird ein einschneidendes Ereignis aus verschiedenen Perspektiven aufgearbeitet. Durch diesen organisationsweiten Lernprozess werden neue Erkenntnisse erzeugt und verbreitet.

Suchtechnologie

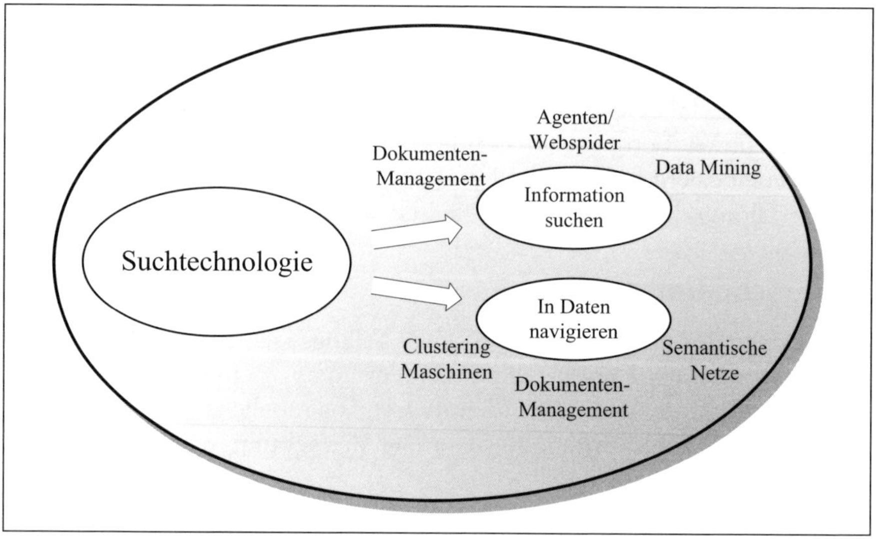

Wichtigste Eigenschaften und verwandte Werkzeuge

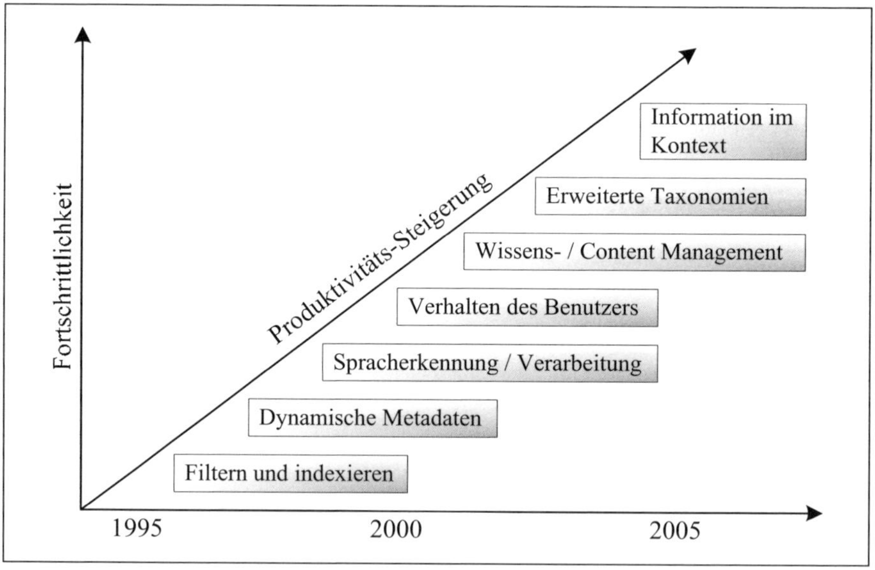

Beispiel eines Spektrogramms zur Darstellung von Thementrends

Charakteristik

Suchtechnologien sind seit der breiten Nutzung des Internets eine unverzichtbare Möglichkeit zur Navigation in Datenbeständen. Die im Internet eingesetzten Technologien leisten auch für die Suche in den internen Datenbeständen eines Unternehmens wertvolle Dienste, sind aber auf Grund der wesentlich geringeren Datenmengen oft ineffizient. Deshalb werden für die Suche in internen Daten großteils andere Produkte verwendet.

In jüngster Zeit wurden in praktisch alle Unternehmensportale äußerst ausgefeilte Such- und Navigationssysteme integriert, die es erlauben, in unstrukturierten Daten effizient zu suchen.

Praktische Umsetzung

Die Suchtechnologie hat sich inzwischen von der normalen Stichwort- oder Volltextsuche in Richtung Vektorsuche, Mustererkennungsverfahren, natürlichsprachige Suche und Erkennung von individuellen Suchgewohnheiten der Benutzer weiterentwickelt.

Grundsätzlich wird zwischen zwei unterschiedlichen Arten der Suche, zwischen Navigation oder Darstellung von Suchergebnissen in einem EDV-System unterschieden. Dies sind zum einen das *Retrieval*, bei dem über die Eingabe von Suchbegriffen gesucht wird, und zum anderen das sogenannte *Browsing*, bei dem in manuell oder automatisch strukturierten Datenbeständen navigiert wird.

Auch die Navigation durch Topic Maps oder semantische Netze (siehe Seite 190) zählt zum Bereich des Browsings.

Moderne Systeme zeichnen sich neben der Suche von und dem Navigieren in Datenbeständen durch automatisches Generieren von Zusammenfassungen, dynamisches Clustern der Ergebnisse und grafisches Aufbereiten von Themententrends aus.

Eine Übersicht über die wichtigsten Suchtechnologien gibt die Darstellung auf der folgenden Seite, wobei moderne Systeme meist mehrere der dargestellten Varianten unterstützen.

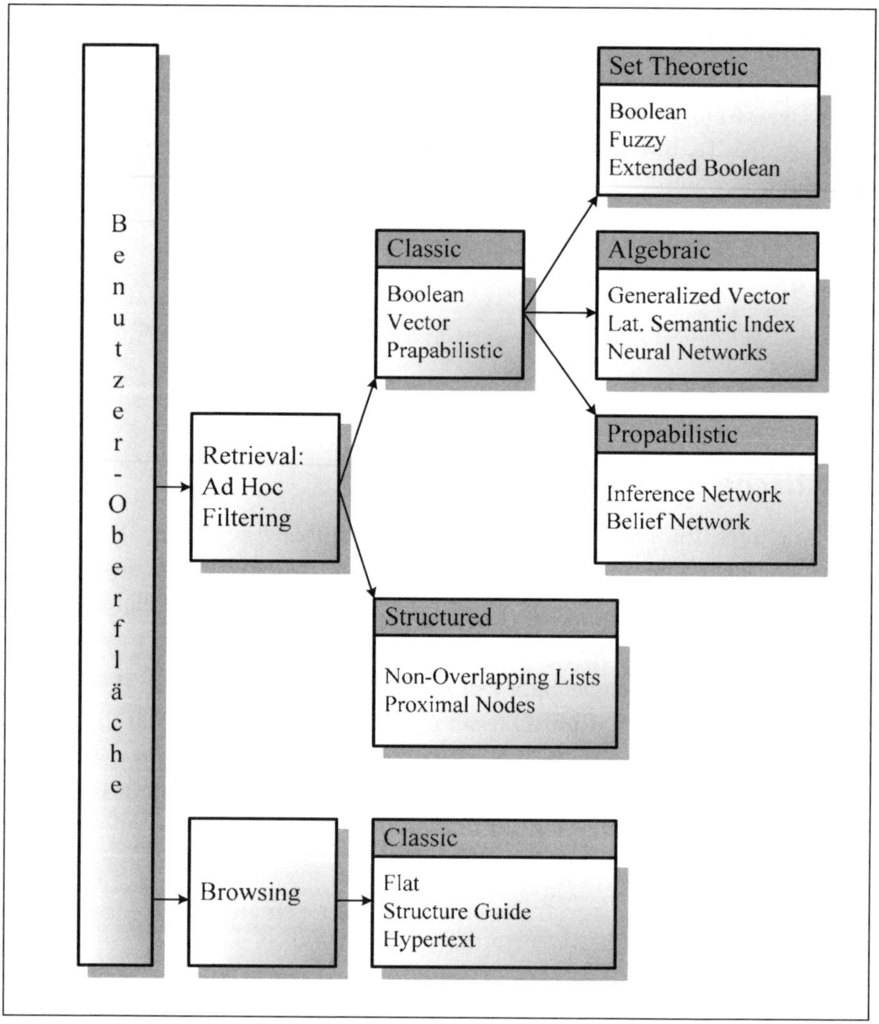

Die wichtigsten Suchtechnologien, Retrieval und Browsing, mit den jeweils wichtigsten Technologien im Überblick

Wichtig

In einem Firmennetzwerk besteht heute nicht mehr die unbedingte Notwendigkeit, Dokumente in strukturierter Form abzulegen. Der Aufwand für die Pflege und Aufbereitung von Daten steigt in erheblichem Ausmaß, wenn unstrukturierte Daten, die nicht mit Zusatzinformation versehen sind, strukturiert zur Verfügung gestellt werden sollen.

Abhilfe schaffen hier unternehmensinterne Suchmaschinen, die das Finden von relevanten Informationen ermöglichen. Zusätzlich dazu bieten diese Suchmaschinen in vielen Fällen auch die Möglichkeit zur automatischen Kategorisierung der Dokumente nach vorgegebenen Kriterien und den Aufbau von dynamisch erstellten Clustern (Gruppierung der Ergebnisse) der Suchergebnisse.

Technische Voraussetzungen/Hilfsmittel

Brauchbare Suchtechnologien sind in vielen bereits im Einsatz befindlichen Lösungen integriert. Dies beginnt bei der Suchfunktionalität von Office-Programmen und geht bis zur ERP und zur Portal-Lösung.

Lösungen von auf Suchtechnologie spezialisierten Unternehmen zeichnen sich vor allem durch die Möglichkeit, je nach Anwendungsfall mehrere Arten der Suche zur Verfügung zu stellen, aus. Ein weiteres Unterscheidungsmerkmal zu den oben angeführten Lösungen ist die Möglichkeit zur Integration unterschiedlichster Datenquellen in eine einzige Suchplattform.

Zusammenfassung

Die Suchtechnologie wird in die Gruppen *Retrieval* (Suche über Begriffe) und *Browsing* (Navigation über Verknüpfungen, Metadaten oder Semantische Netze) unterteilt.

Integrierte Suchfunktionalitäten finden sich in einer Vielzahl von Programmen. Für den Aufbau von komplexeren Suchsystemen sind jedoch spezielle Programme und vor allem die dazu passenden Konnektoren zur Einbindung unterschiedlicher Datenquellen notwendig.

Synektik

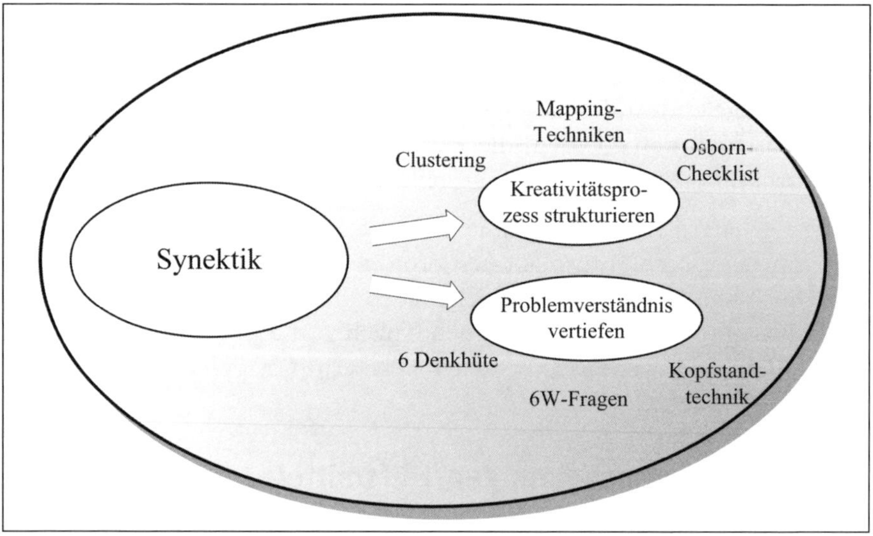

Wichtigste Eigenschaften und verwandte Werkzeuge

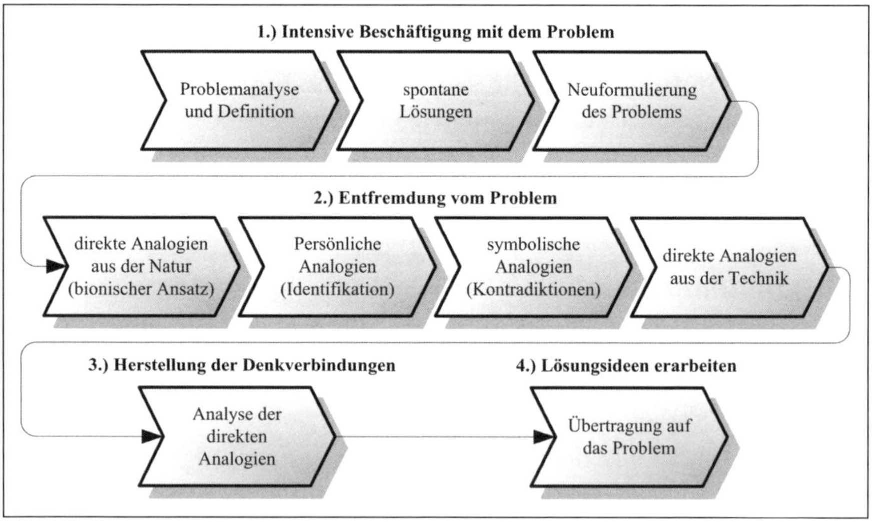

Ablaufschema für die Synektik

Charakteristik

Unter Synektik versteht man eine Technik zur Bildung von Analogien. Sie erleichtert das Auffinden neuer Lösungsansätze.

Praktische Umsetzung

Der prinzipielle Ablauf der Synektik ist auf der linken Seite dargestellt. Abweichungen von der skizzierten Reihenfolge durch Überspringen oder Wiederholen einzelner Schritte können notwendig und sinnvoll sein. Die einfachste Art der systematischen Verfremdung – die *Bionik* – wird dabei am häufigsten verwendet. Probleme – meist technischer Art – werden analysiert und Entsprechungen in der Natur gesucht. Deren „natürliche" Lösung wird dann auf das Ausgangsproblem zurückübertragen.

Wichtig

Mit der Bildung von Analogien entfernt man sich bewusst vom eigentlichen Problem. Hierbei muss darauf geachtet werden, dass die Analogie noch so weit zur Aufgabenstellung passt, dass deren Struktur und Lösungsansatz auf das eigentliche Problem übertragbar ist.

Technische Voraussetzungen/Hilfsmittel

Grundsätzlich sind keine Hilfsmittel außer einem Bogen Papier, eventuell einem Flipchart und Schreibzeug notwendig. Bei der Bionik erweist es sich als hilfreich, wenn ein Experte aus dem Fachbereich Biologie beratend zur Seite steht.

Zusammenfassung

Die von Gordon entwickelte Methode der Synektik ist eine der bekanntesten Analogietechniken, wobei meist die Bionik als Teilbereich der Synektik zur Anwendung kommt.

Bei dieser Technik werden in Arbeits- oder Fachgruppen problemfremde, aber ähnliche Strukturen auf die zu lösende Aufgabe übertragen und somit neue Wege und Lösungsansätze gefunden.

Szenariotechnik

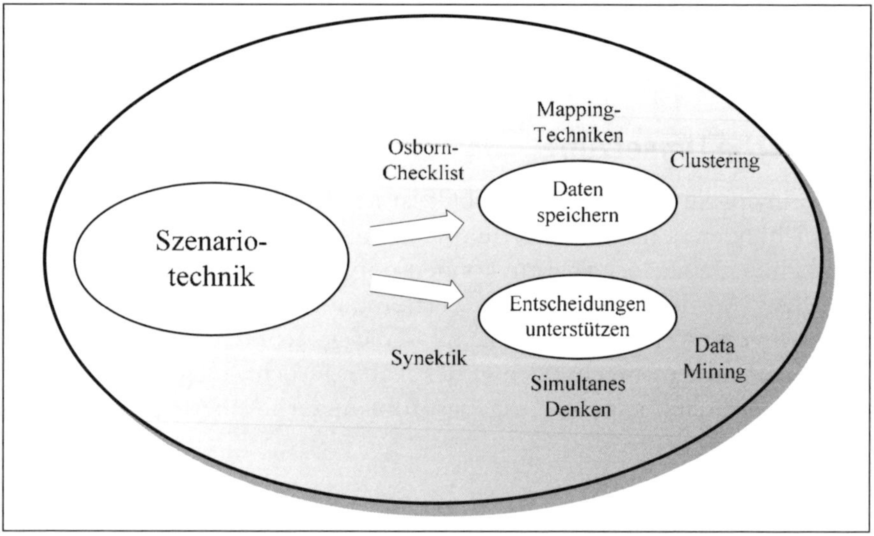

Wichtigste Eigenschaften und verwandte Werkzeuge

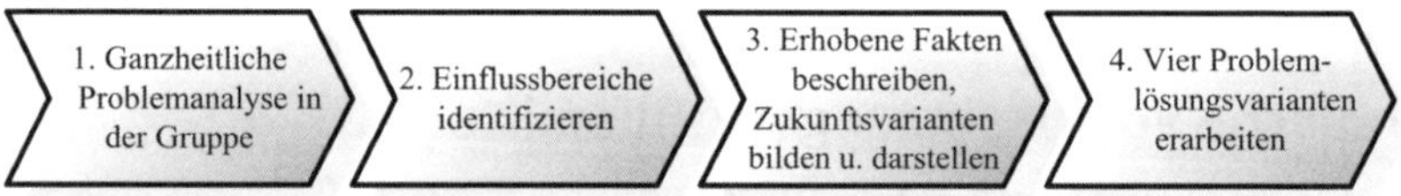

Leitfragen:

- Welche Entwicklungen sind wichtig?
- Wer wird von den Auswirkungen der Problemstellung betroffen sein?
- Welche Fakten, Zusammenhänge, Hypothesen unterstützen die Variantenerstellung?
- Welche Einflüsse bestimmen die Relevanz?

Vorgehen:

- Zwei bis drei positive, zwei bis drei negative Entwicklungen in den Gruppen erarbeiten
- Diese vier bis sechs Varianten als Basis für Aktionen ausarbeiten und im Falle des Eintritts heranziehen

Vorgehen zur Erarbeitung von Szenarien

Charakteristik

Die Szenariotechnik ist eine Methode, mit deren Hilfe sowohl positive als auch negative Veränderungen in Unternehmen auf Basis von empirisch-analytischen und kreativ-intuitiven Elementen entwickelt werden.

Szenarien müssen folgende drei Kriterien erfüllen: *1. Größtmögliche Stimmigkeit, Konsistenz und Widerspruchsfreiheit*, d. h. die einzelnen Entwicklungen innerhalb eines Szenarios dürfen sich nicht gegenseitig aufheben. *2. Größtmögliche Stabilität des Szenarios*, d. h. die Szenarien dürfen nicht bei kleineren Erschütterungen oder Veränderungen einzelner Faktoren zusammenbrechen. *3. Größtmögliche Unterschiedlichkeit der Grundtypen*, d. h. man soll sich bei der Ausgestaltung der Extrem-Szenarien sehr nahe an den „Worst-Case-Fällen" orientieren.

Praktische Umsetzung

Die Erarbeitung der Szenarien erfolgt durch eine Problemanalyse, in der die Einflussbereiche unter Berücksichtigung der Leitfragen (Grafik) identifiziert werden. Anschließend werden die Faktoren näher beschrieben und positive sowie negative Entwicklungsmodelle erarbeitet. Diese dienen als Lösungsvarianten im Falle des Eintritts einer Problemsituation.

Wichtig

Bei den Teilnehmern muss die Bereitschaft vorhanden sein, sich bereits vorab mit dem Eintritt von möglichen Krisen auseinanderzusetzen und somit vorausschauend zu agieren bzw. Grundinformationen zu besitzen.

Technische Voraussetzungen/Hilfsmittel

Für die Erarbeitung von Szenarien sind keine Hilfsmittel notwendig.

Zusammenfassung

Die Szenariotechnik unterstützt die Vorbereitung auf Entscheidungen in möglichen Krisensituationen. Zu diesem Zweck werden zwei bis drei positive und ebenso viele negative Entwicklungsvarianten erarbeitet.

Tabula rasa

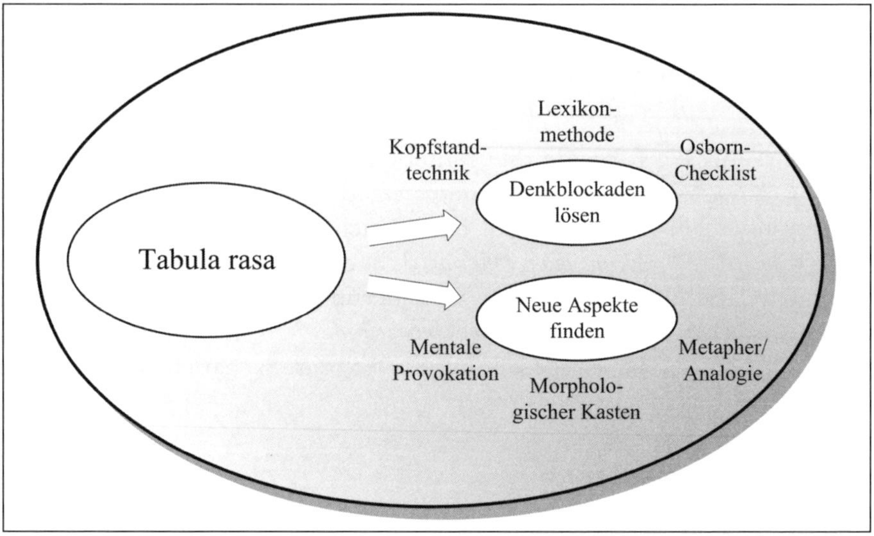

Wichtigste Eigenschaften und verwandte Werkzeuge

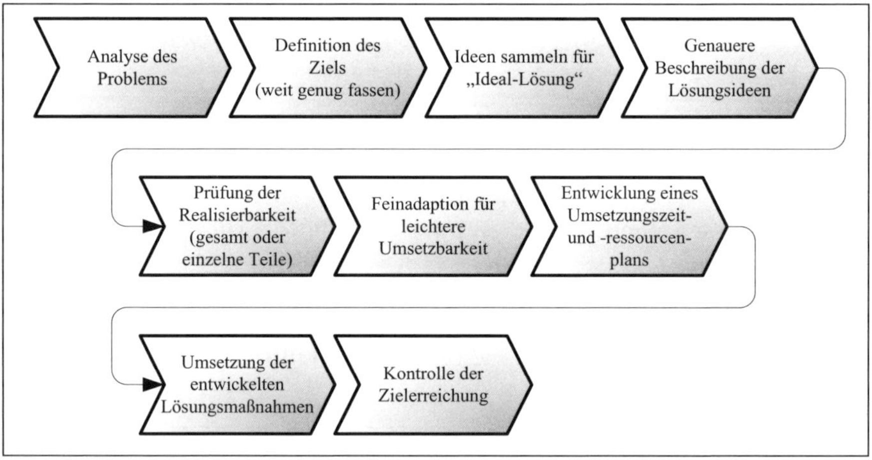

Ablaufschema für die Anwendung von Tabula rasa

Charakteristik

Tabula rasa ist eine Methode, mit deren Hilfe Denkblockaden beseitigt werden sollen.

Um Wachstafeln erneut beschreiben zu können, wurden die alten Notizen durch Glätten ausgelöscht. *Tabula rasa* (lateinisch für „geglättete Tafel") steht daher im übertragenen Sinn für die gründliche Beseitigung von Altem zugunsten des Neuen.

Eine verwandte Management-Technik stellt das Business Process Reengineering dar.

Praktische Umsetzung

Der Einsatz von Tabula rasa eignet sich immer dann, wenn es durch viel vorhandenes Detailwissen zu Schwierigkeiten im kreativen Prozess kommt. Als Leitfrage eignet sich die „grüne Wiese": „Stellen Sie sich vor, es gäbe keine Einschränkungen – welche Lösung würden Sie dann vorschlagen?"

Wichtig

Der Wechsel aus der alltäglichen (z. B. Besprechungszimmer) in eine andere Umgebung (z. B. Grünanlage) kann hilfreich sein.

Technische Voraussetzungen/Hilfsmittel

Es sind keine Hilfsmittel notwendig.

Zusammenfassung

Tabula rasa geht als Methode davon aus, dass bei festgefahrenen Situationen in Problemlösungsgruppen neue Chancen und Sichtweisen entstehen, wenn das bestehende Erfahrungswissen ausgeblendet wird.

In einer gedachten Situation des völligen Neuanfangs wird eine Problemstellung analysiert. Darauf aufbauend werden „Ideal-Lösungen" entwickelt und die Möglichkeit der gesamten oder teilweisen Übernahme untersucht.

Tagging

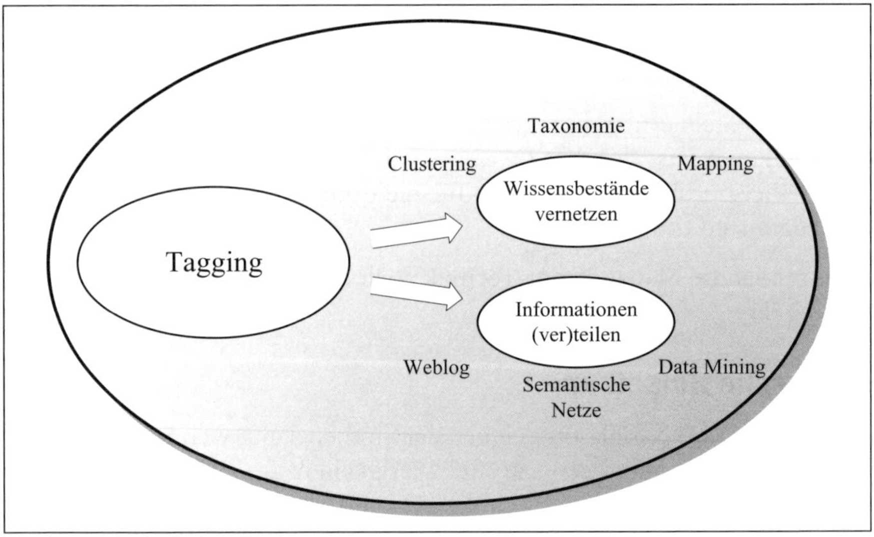

Wichtigste Eigenschaften und verwandte Werkzeuge

Beispiel für eine gewichtete „Tag cloud" auf www.del.icio.us, bei der je nach Popularität des Tags dessen Anzeige- bzw. Schriftgröße variiert

Charakteristik

Als Tagging bezeichnet man das Zuordnen von frei definierbaren Schlagworten zu einem Dokument bzw. (einzelnen) Inhalten einer Webseite. Diese können beispielsweise Wiki-Seiten, Bookmarks, Bilder, Beiträge eines Weblogs etc. sein. Eine interessante Variante sind dabei die sogenannten *Tag clouds* (siehe linke Seite).

Praktische Umsetzung

Die Inhalte der Webseite werden mit Schlagworten versehen. Eingesetzte Aggregatoren sind in der Lage, diese Tags automatisch auszuwerten und dann kategorisiert zur Verfügung zu stellen, z. B. auf einer Webseite (Channel). Wer sich für ein Thema interessiert, muss diese Channels nur regelmäßig beobachten, um zu erfahren, was momentan zum gesuchten Thema veröffentlicht wird.

Wichtig

In der Theorie birgt das Tagging einige Vorteile, allerdings gibt keine Instanz vor, welche Tags benutzt werden dürfen – und vor allem, wie diese geschrieben werden müssen. Daher müssen einem Aggregator zu einem Thema gleich mehrere unterschiedliche Schlagworte zugeordnet werden (z. B. „ÖBB", „öbb" und „österr. Bundesbahnen" bezeichnen das Gleiche, jedoch treten bei unterschiedlichen Schreibweisen Probleme auf). Und daher wird oft nur ein Bruchteil aller gesuchten Informationen gefunden.

Technische Voraussetzungen/Hilfsmittel

Für das Tagging (Dokumente, Webcontent etc.) ist geeignete Software zur Bearbeitung dieser Inhalte notwendig.

Zusammenfassung

Unter Tagging versteht man dasVersehen von Inhalten mit Schlagworten. Dabei helfen Letztere, zu kategorisieren, zu sortieren und die verschlagworteten Themen leichter verfügbar (auffindbar) zu machen.

Taxonomie

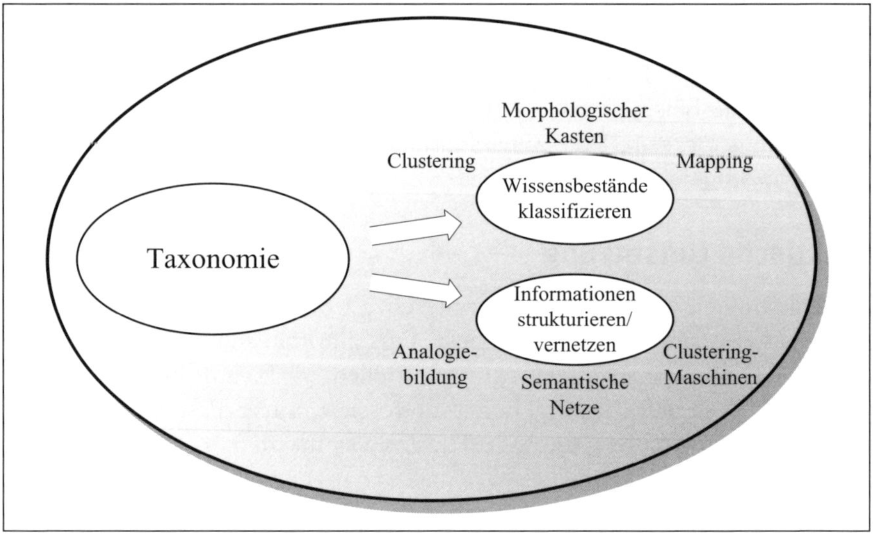

Wichtigste Eigenschaften und verwandte Werkzeuge

Taxonomie nach Filmgenres (beispielhafter Auszug)

Ebene 1	Ebene 2	Ebene 3	Ebene 4
Film	Abenteuerfilm		
	Kriminalfilm	Detektivfilm Gangsterfilm	Gefängnisfilm
	Actionfilm	Martial-Arts-Film	
	Dokumentarfilm	Aufklärungsfilm Naturfilm Kulturfilm	
	Trickfilm/Animation	Computeranimation Stop-Motion-Film Zeichentrickfilm	Puppentrickfilm
	etc.	etc.	etc.

Beispiel für eine Taxonomie im Filmbereich

Charakteristik

Der Begriff der Taxonomie kommt aus dem Griechischen (*tassein* = ordnen, *nemein* = austeilen, verwalten, lenken) und wird allgemein für ein Klassifikationssystem, eine Systematik oder den Vorgang des Klassifizierens verwendet. Ziel ist es, einen Überblick über die darin geordneten Objekte und deren Zusammenhänge zu schaffen.

Praktische Umsetzung

Bei Erstellung einer Klassifikation können verbale Begriffsbestimmungen oder künstliche Bezeichnungen mit Notationen (Zahlen, Sonderzeichen, Buchstaben) verwendet werden. Dabei gibt es grundsätzlich vier Typen der Taxonomie: die *Monohierarchie* (eine Klasse besitzt nur eine Oberklasse), die *Polyhierarchie* (eine Klasse besitzt mehrere Oberklassen; wenn noch weitere Beziehungen zwischen den Klassen hinzukommen, spricht man von einem *Thesaurus*), die *Analytische Klassifikation* (vom Allgemeinen zum Besonderen) und die *Synthetische Klassifikation* (vom Besonderen zum Allgemeinen).

Wichtig

Taxonomien müssen flexibel, also als *lebende Systeme* erstellt werden, da sie sonst für neue Trends, Strömungen bzw. Themen nicht offen und daher schnell veraltet sind und unbrauchbar werden.

Technische Voraussetzungen/Hilfsmittel

Um einfache Taxonomien zu erstellen, sind in der Regel keine Hilfsmittel notwendig. Es gibt aber Softwaretools, die bei Klassifikationen hilfreich sind. Sie sind besonders im Bereich der Internettechnologie von Bedeutung.

Zusammenfassung

Unter Taxonomien versteht man Klassifizierungssysteme, die helfen, Informationen zu strukturieren. Mit einer guten Taxonomie können Zusammenhänge von Begriffen erkannt und dadurch die Suche und Navigation entscheidend verbessert werden.

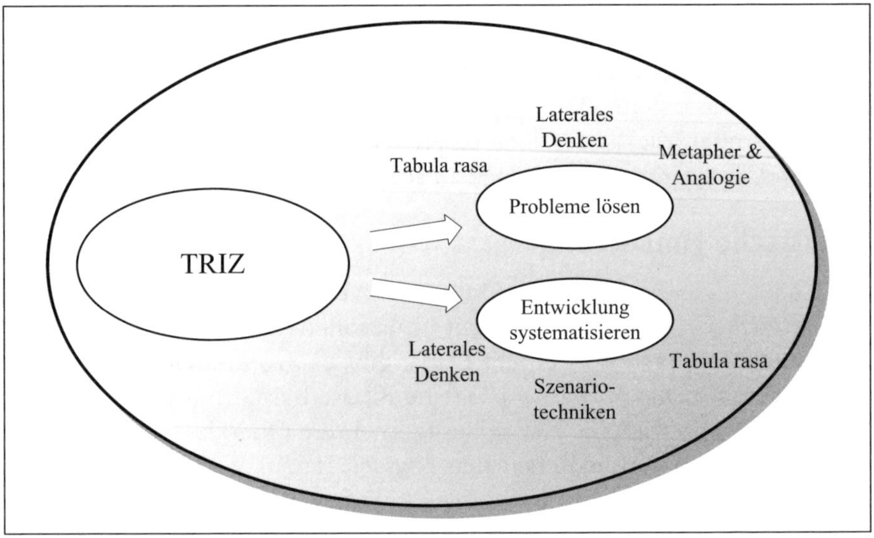

Wichtigste Eigenschaften und verwandte Werkzeuge

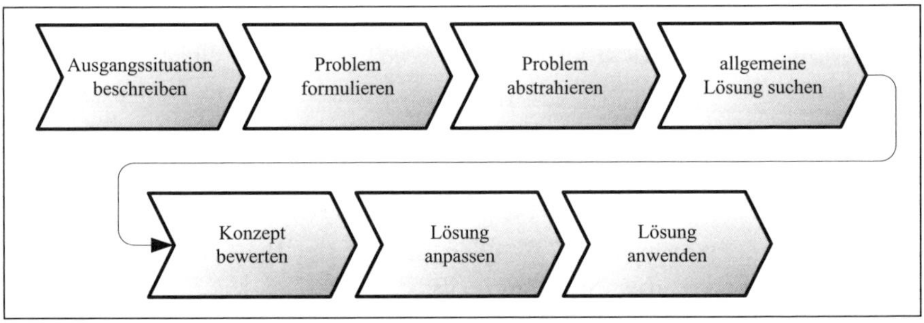

Ablaufschema für die Anwendung von TRIZ

Charakteristik

Unter TRIZ, abgeleitet vom russischen Ausdruck für die Theorie des innovativen Problemlösens, versteht man ein Modell zur systematischen Problemlösung.

Aus der Studie von inzwischen 2,8 Millionen Patenten wurden drei grundlegende Erkenntnisse gewonnen.

- Probleme bzw. Lösungen wiederholen sich quer durch alle Wissenschaften und Industrien.
- Muster der technischen Evolution wiederholen sich quer durch alle Wissenschaften und Industrien.
- Innovative Lösungen verwenden oftmals Effekte aus nicht verwandten Themengebieten.

TRIZ stellt eine ganze Reihe von Werkzeugen zur Verfügung, die üblicherweise in die vier Kategorien Vision, Systematik, Analogie und Wissen eingeteilt werden (siehe die Abbildung auf Seite 218).

Praktische Umsetzung

Der erste Schritt innerhalb des TRIZ-Prozesses ist die Problemdefinition. Dieser Schritt sollte deutlich mehr als 50 Prozent der gesamten Zeit in Anspruch nehmen. Die Problemdefinition besteht aus folgenden Teilschritten:

- *Nutzen-Analyse*
  Hier werden die Ziele und Messkriterien festgelegt.
- *Problem-Fokussierung*
  Darunter versteht man die Definition der generellen Problemstellung („Warum?"), der spezifischen Problemstellung („Was hindert uns daran?") und die Darstellung des Gesamtkontextes.
- *Ressourcen-Analyse*
  Beschäftigt sich mit der Identifikation der vorhandenen Ressourcen.
- *Grundursachen- und Widerspruchsanalyse*
  In diesem Teil werden ursächliche Wirkungsprinzipien der Problemstellung analysiert.

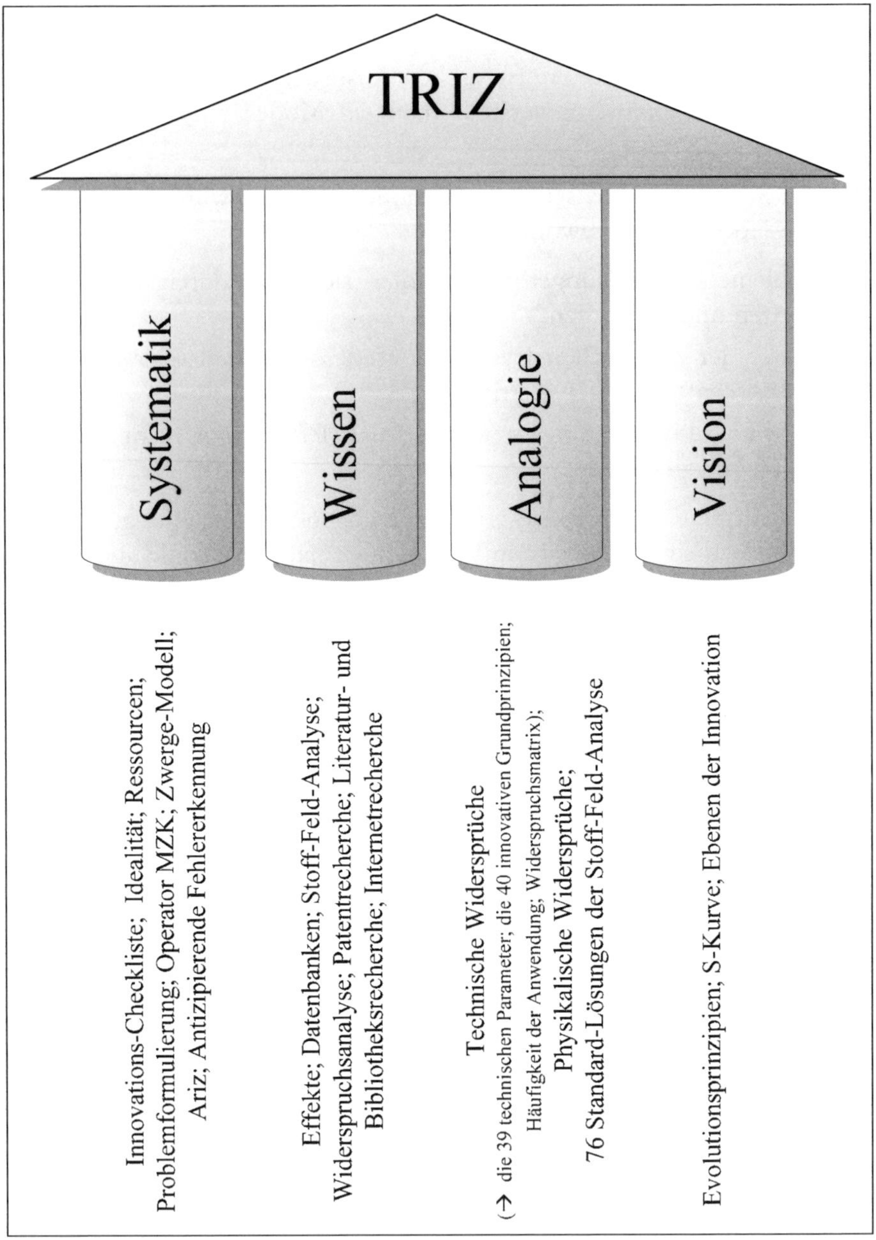

Auswahl von TRIZ-Werkzeugen, eingeteilt in vier Kategorien

Anschließend an die Analyse des Problems wird das am besten geeignete Werkzeug für die Erarbeitung von kreativen Lösungen ausgewählt und angewendet. Eine Auswahl der möglichen Werkzeuge ist aus der Grafik auf Seite 218 zu entnehmen.

Wichtig

Da unter der Bezeichnung TRIZ eine ganze Palette von Werkzeugen zusammenfasst wird, gilt es, spezielles Augenmerk auf die Auswahl des für die jeweilige Problemstellung passenden Werkzeuges zu legen.

Viele der Werkzeuge unterstützen den gesamten restlichen TRIZ-Prozess, bis hin zum Anwenden der Lösung. Sollte dies bei dem gewählten Werkzeug nicht der Fall sein, wird generell empfohlen, den kompletten Ablauf bis zur Umsetzung konsequent zu Ende zu führen.

Technische Voraussetzungen/Hilfsmittel

Grundsätzlich sind keine technischen Voraussetzungen zu erfüllen. Für viele der Werkzeuge gibt es (im Internet verfügbare) Listen und Tabellen, die als Vorlage für die Anwendung dienen können.

Solche Werkzeuge sind zum Beispiel die 39 technischen Parameter, die 40 innovativen Grundprinzipien, die 76 Standardlösungen oder die Widerspruchsmatrix.

Zusammenfassung

TRIZ stellt einerseits einen Prozess dar und andererseits eine ganze Reihe von Werkzeugen für das innovative Problemlösen zur Verfügung.

Im Gegensatz zu vielen anderen Lösungsverfahren baut TRIZ auf empirischen Grundgesetzen der technologischen Innovation auf, die aus Patenten extrahiert wurden.

Unternehmensportal

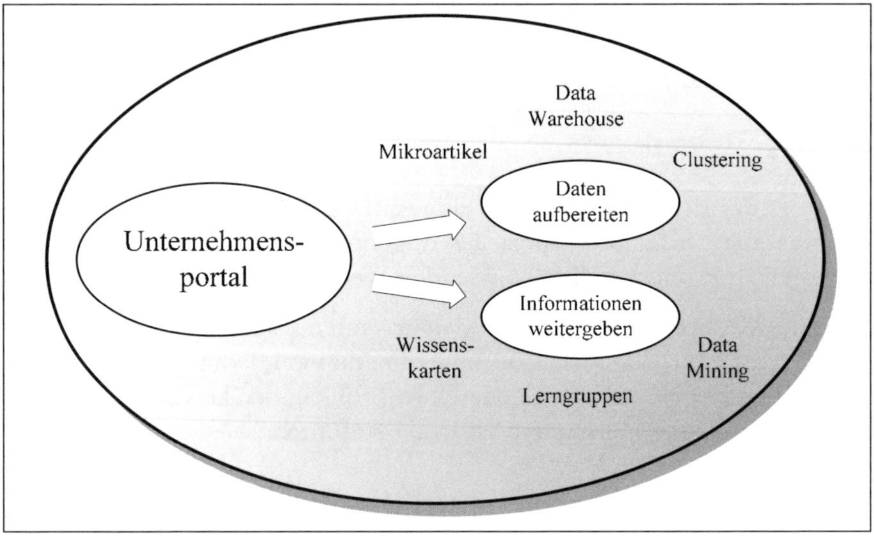

Wichtigste Eigenschaften und verwandte Werkzeuge

Portale sind internetbasierte Plattformen mit Usergruppen spezifischen Funktionen und Informationen

Beispiel eines Portals

Charakteristik

Ein Unternehmensportal ist ein auf das Internet basierender unternehmensspezifischer Zugang für Mitarbeiter und Partner, um Informationen abrufen zu können. In Unternehmen sind meist unterschiedliche IT-Systeme im Einsatz. Die Benutzer haben das Problem, sich in diesen Programmen anmelden bzw. verschiedene Oberflächen bedienen zu müssen.

Es ist daher ein Vorteil, wenn sich die Benutzer über eine einheitliche Oberfläche (Intranet oder Extranet) auf alle für sie relevanten Systeme Zugriff verschaffen können.

Unternehmensportale sind – im Gegensatz zu Homepages von Firmen – interaktive Kommunikationsplattformen, über welche die User die Möglichkeit haben, einen aktiven Beitrag zur Weiterentwicklung der Inhalte zu leisten.

Wichtige Elemente von Portalen

Authentifizierung: Sie unterstützt die Prüfung des Benutzers auf seine Zugriffsrechte.

Single Sign On: ermöglicht den Zugriff auf unterschiedliche Programme und Datenquellen mit einem einmal einzugebenden Passwort.

Berechtigung: stellt dem Benutzer rollenspezifische Inhalte, bezogen auf seine Aufgaben im Unternehmen, zur Verfügung.

Sichere Kommunikation: Die gesamte Kommunikation zwischen dem Benutzer und den Systemen wird verschlüsselt.

Integrierte Benutzerverwaltung: Die Benutzerinformationen werden in Verzeichnissen verwaltet und der Zugriff darüber gesteuert, um so eine bestmögliche Sicherheit zu gewährleisten.

Unternehmensportale können auch externen Benutzern (Partnern, Kunden Lieferanten usw.) zur Verfügung gestellt werden, um eine Verbesserung der Informations- und Kommunikationswege zu erreichen. Portale werden zum Austausch von Daten innerhalb einer integrierten Supply Chain (logistische Wertekette vom Lieferanten über den Produzenten bis zum Kunden) verwendet.

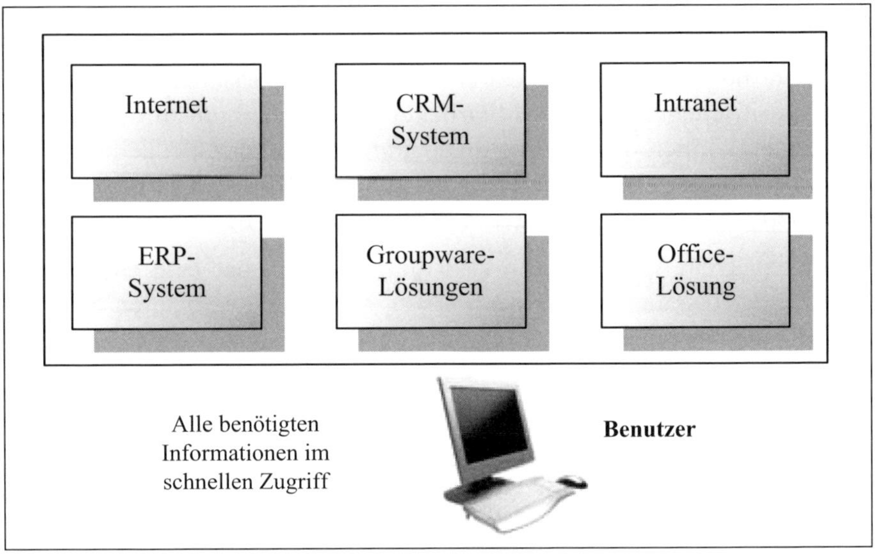

Funktionale Zusammenfassung im Überblick

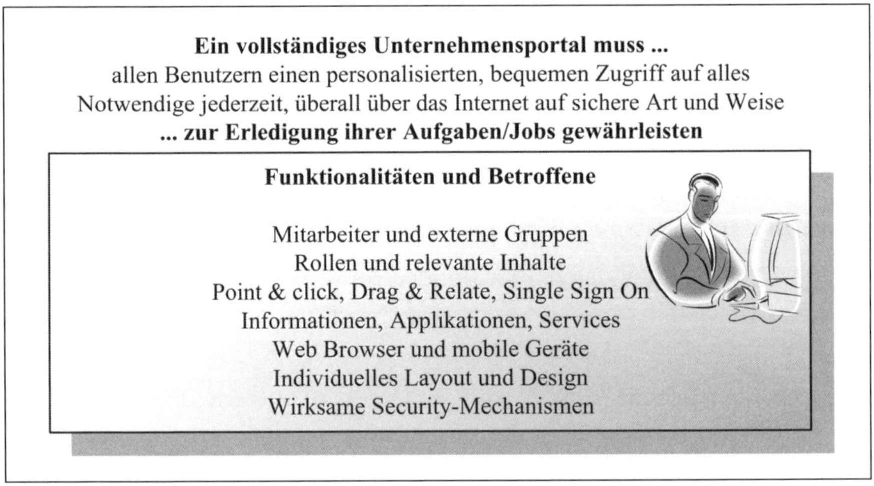

Nutzen und Funktionalitäten von Unternehmensportalen

Praktische Umsetzung

Für die Umsetzung und Einführung eines Unternehmensportals sind nachstehende Schritte zu beachten: 1. Analyse der bestehenden IT-Systeme und Festlegung der Anforderungen; 2. Prüfung, welche Informationen von den Benutzern benötigt werden; 3. Matrix der Benutzergruppen und Funktionen; 4. Auswahl einer eigenen Infrastruktur oder die Benutzung über einen Service-Provider; 5. Implementierung der Lösung unter Einbeziehung von Sicherheitsstandards und Schulung der Benutzer; 6. Weiterentwicklung der Lösung unter Einbeziehung der Benutzer-Inputs.

Wichtig

Um ein eigenes Unternehmensportal einrichten zu können, sollten einige Voraussetzungen gegeben sein: bestimmte Unternehmensgröße (Kosten/Nutzen); viele Informationen, die verteilt werden müssen; Mitarbeiter und Kunden benötigen Informationen in strukturierter Aufbereitung; Informationen stehen elektronisch gespeichert zur Verfügung

Die Inhalte sind laufend auf Aktualität und Richtigkeit zu prüfen und entsprechend zu bearbeiten.

Technische Voraussetzungen/Hilfsmittel

Für den Aufbau eines eigenen Portals muss eine entsprechende Infrastruktur (Hardware und Software) entweder von einem Provider gemietet oder selbst angeschafft werden. Die Kosten für die Umsetzung einer Portallösung sind sehr hoch, sodass der Nutzen für das Unternehmen sehr genau ermittelt werden muss.

Zusammenfassung

Ein Portal dient zur aktiven Kommunikation innerhalb eines Unternehmens, im gesamten Umfeld und bei den Stakeholdern.

Bestehende IT-Strukturen werden – ergänzt mit eigenen Inhalten – genutzt. Die Information innerhalb des Unternehmens wird von einer Bring- zu einer Holschuld von Seiten des Benutzers.

Walt-Disney-Methode

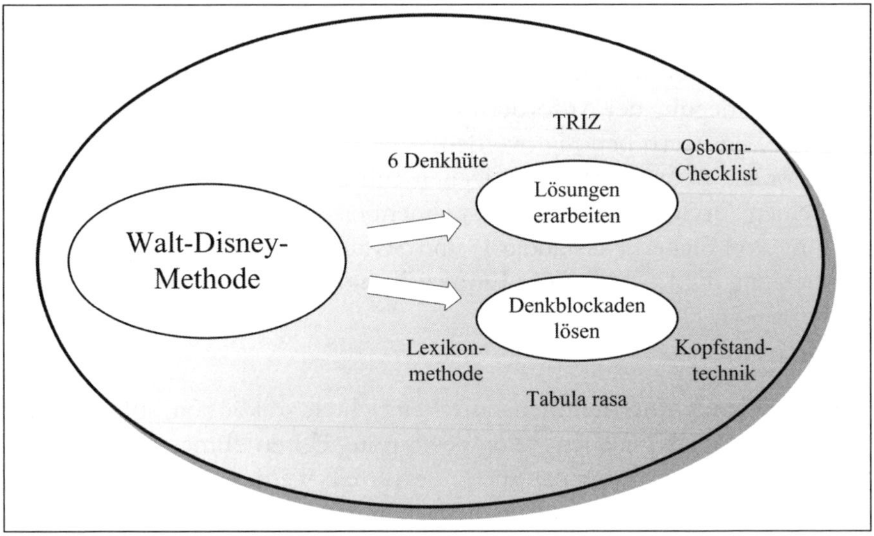

Wichtigste Eigenschaften und verwandte Werkzeuge

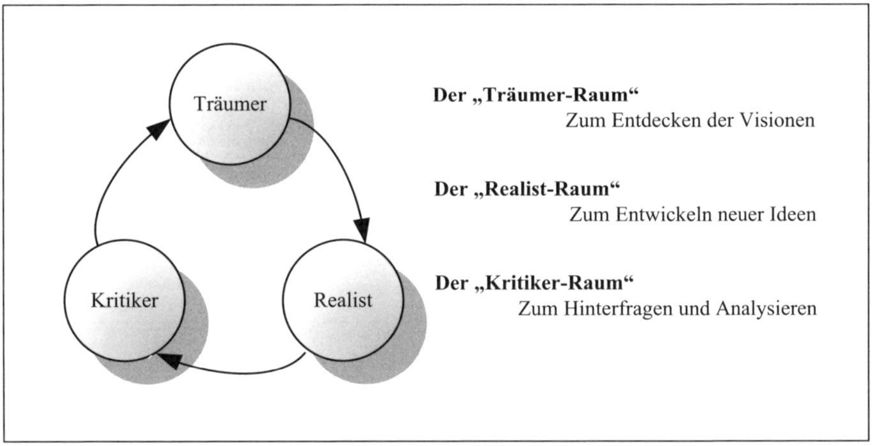

Die drei Sichtweisen bei der Walt-Disney-Methode

Charakteristik

Die Walt-Disney-Methode hilft beim Finden, Beurteilen und Umsetzen von Innovationen. Dabei werden die drei Rollen Träumer, Realist und Kritiker in verschiedenen Räumen oder an verschiedenen Plätzen eingenommen. Die Räume sind ein Hilfsmittel, um sich besser auf die verschiedenen Rollen einzustellen. Bei fast allen Menschen dominiert eine Rolle. Ziel ist es, Träumer, Realisten und Kritiker im Prozess der Lösungserstellung ins Gleichgewicht zu bringen.

Praktische Umsetzung

Begonnen wird dabei mit der Träumer-Rolle. Hier wird die Frage nach den Fantasien und Visionen gestellt. In der folgenden Rolle des Realisten wird beantwortet, ob bzw. wie die entwickelten Fantasien und Visionen realisiert werden können. Im Anschluss daran werden aus der Sicht eines Kritikers die entwickelten Ideen betrachtet und die Schwachpunkte und Fehler gesucht. Mit dem Resultat aus diesen Überlegungen erfolgt wieder ein Einstieg in die Träumer-Rolle. Diese drei Rollen werden so lange nacheinander eingenommen, bis für das Ausgangsthema eine konkrete Lösung gefunden wird, in der alle Argumente des Kritikers berücksichtigt sind.

Wichtig

Die verschiedenen Rollen können durch eine oder auch mehrere Personen abgedeckt, dabei aber nicht miteinander vermischt werden.

Technische Voraussetzungen/Hilfsmittel

Für jede Rolle jeweils ein Stuhl oder Raum.

Zusammenfassung

Die Walt-Disney-Methode ist ein effizientes Tool zur Entwicklung neuer Ideen und nutzt die unterschiedlichen Einstellungen von Träumern, Realisten und Kritikern. Diese Rollen werden in einem Kreislauf nacheinander eingenommen. Ziel ist ein Umsetzungsplan zu einer Vision, bei der keine Kritik offen bleibt.

Weblog

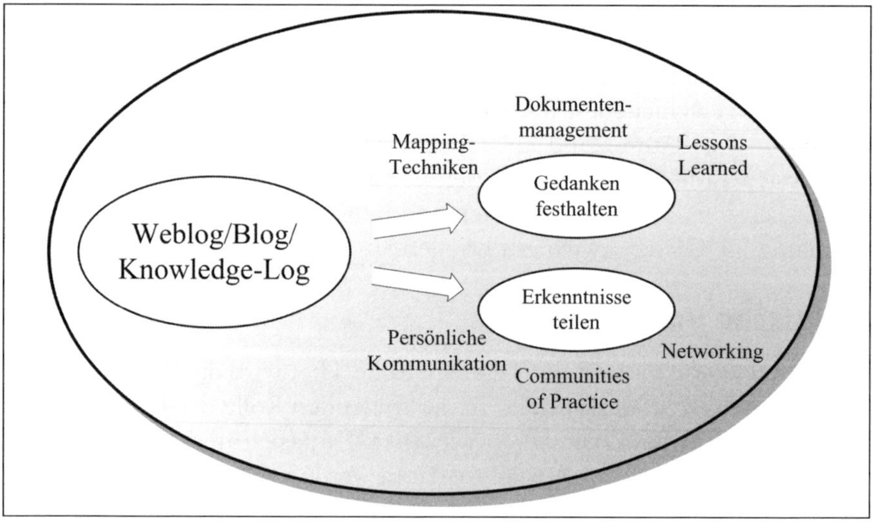

Wichtigste Eigenschaften und verwandte Werkzeuge

14.000 Dollar Kaugummi

Einsamer Spitzenreiter ist mit einem Gebot von 14.000 Dollar ein angeblich im Dezember 2002 in New York durchgekautes Ding. Ein Foto, auf dem Britney einen Kaugummi ausspuckt, belegt die Echtheit des Sammlerobjekts. Der echte Kenner jedoch weiß bestimmt auch die durch den Alterungsprozess bedingte dunklere Farbgebung, die unübertreffliche Reife und den rauen Abgang zu schätzen ...Originalartikel siehe ***hier (klicken)***

20. Oktober 2004 16:29 Uhr

Kritik-Regeln

1. Die Erde dreht sich weiter, selbst wenn ich einen Fehler gemacht habe.
2. Wenn ich weiß, etwas ist gut, können mich die Kritiker.
3. Ernsthafte Kritik wird gerne genommen. Doch die kommt nie polternd durch den Haupteingang.
[via: ***editorial notes****]*

Finde ich gut und beachtenswert!

20. Oktober 2004 16:24 Uhr

Beispiel eines privaten Weblogs zu allgemeinen Themen

Charakteristik

Unter Weblog, Blog oder Knowledge-Log wird ein elektronisches Tagebuch mit chronologischen Einträgen verstanden. Diese Einträge zeichnen sich dadurch aus, dass sie neben dem Text auch Bilder, Hyperlinks oder Ähnliches enthalten.

Weblogs werden einerseits dazu verwendet, persönliche Kommentare im Inter- oder Intranet größeren Benutzergruppen zur Verfügung zu stellen. Andererseits sind sie nützlich, um Kontakt zu Personen aufzubauen, die am gleichen Thema interessiert sind. Haben mehrere Benutzer Schreibrechte sind auch Foren realisierbar.

Praktische Umsetzung

Weblogs sind Webseiten, die auch von Laien leicht erweitert und editiert werden können. Die Realisierung erfolgt meist über die Integration eines kompletten, im Internet als Free- oder Shareware verfügbaren Programmpaketes. Als Alternative mit geringem Kosten- und Ressourcenaufwand ist die Verwaltung auch direkt über spezielle Webseiten möglich.

Wichtig

Bei der Umsetzung von Weblogs ist die Benutzerfreundlichkeit das entscheidende Kriterium. Wird Wert darauf gelegt, dass der Blog von anderen gefunden wird, ist die Anmeldung bei Suchmaschinen erforderlich.

Technische Voraussetzungen/Hilfsmittel

Technisch ist für die Umsetzung ein Inter- oder Intranet-Server sowie eine Software zur Verwaltung der Weblogs notwendig.

Zusammenfassung

Weblogs sind elektronische Tagebücher, die vor allem der Veröffentlichung informellen Wissens in Inter- oder Intranet dienen.

Schlüsselkriterien solcher Systeme sind Benutzerfreundlichkeit und geringer Aufwand für das Erstellen eines Eintrags.

Wiki/Wikilog

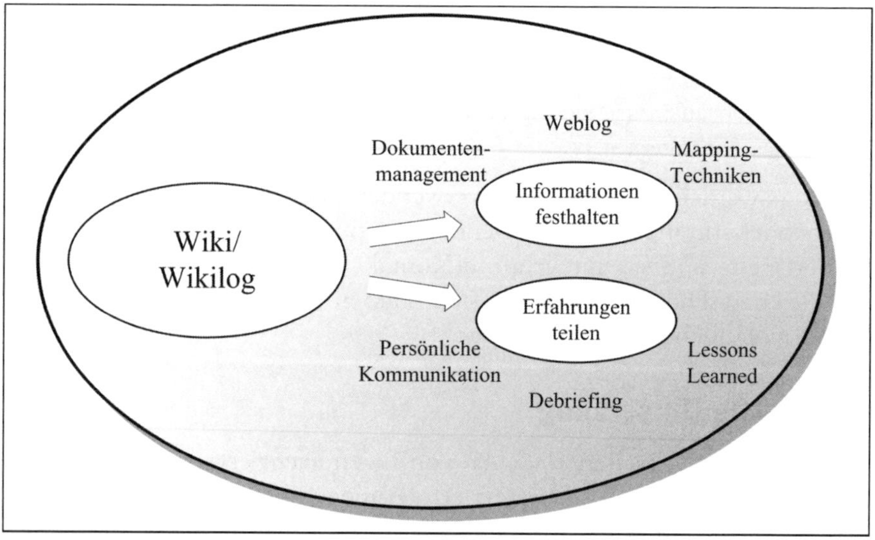

Wichtigste Eigenschaften und verwandte Werkzeuge

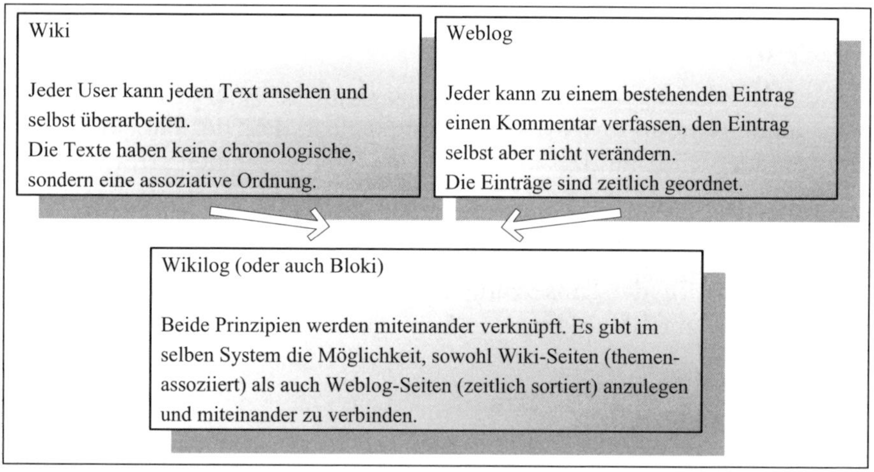

Zusammenspiel und Unterschiede von Wiki und Weblog

Charakteristik

Ein Wiki ist eine Sammlung von Webseiten aus Hypertext. Das Besondere ist, dass jede Seite von jedem User angesehen, aber auch unmittelbar und einfach in der Bedienung geändert werden kann. Der Name stammt vom Hawaiianischen „Wiki Wiki“ und bedeutet soviel wie „schnell“.

Praktische Umsetzung

Begonnen wird mit der Installation der zentralen Wiki-Software. Für die Nutzung ist ein Minimum an Organisation und Planung notwendig. Der wichtigste Schritt ist, die Wissensträger auf freiwilliger Basis zur aktiven Teilnahme zu gewinnen. Jeder Mitwirkende kann Artikel anlegen, die wieder frei miteinander in Bezug gebracht werden können. Dadurch kommt es zu einem nichtlinearen Wachsen der Informationsbasis. In der Regel können die verschiedenen Versionen eines Artikels einfach nachvollzogen werden. Kombiniert mit einem Blog wird von einem Wikilog gesprochen.

Wichtig

Die Nutzbarkeit eines Wikis setzt die Offenheit von Information voraus. Dies kann bei sensiblem firmeninternem Wissen zu Problemen führen. Außerdem müssen die Autoren sich als Autorenteam verstehen und akzeptieren, dass andere User die zur Verfügung gestellten Informationen ergänzen oder überarbeiten und auf Richtigkeit und aktuelle Relevanz überprüfen.

Technische Voraussetzungen/Hilfsmittel

Technische Voraussetzung ist eine Wiki-Software (wie TWiki). Die Benutzer benötigen nur einen üblichen Browser für die Anwendung.

Zusammenfassung

Mit einem Wiki kann man kollaborativ Informationen sammeln, ohne sich vorher Gedanken machen zu müssen, welche Strukturen erforderlich sind. Jeder kann bei der Sammlung mitmachen oder existierende Informationen ergänzen und überarbeiten.

Das bekannteste Wiki-Projekt ist die Online-Enzyklopädie Wikipedia.

Wissensbilanz

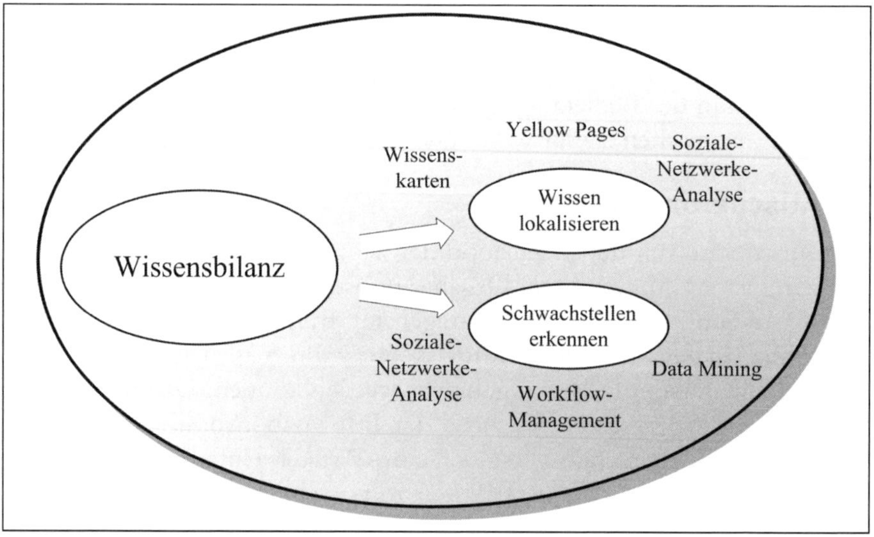

Wichtigste Eigenschaften und verwandte Werkzeuge

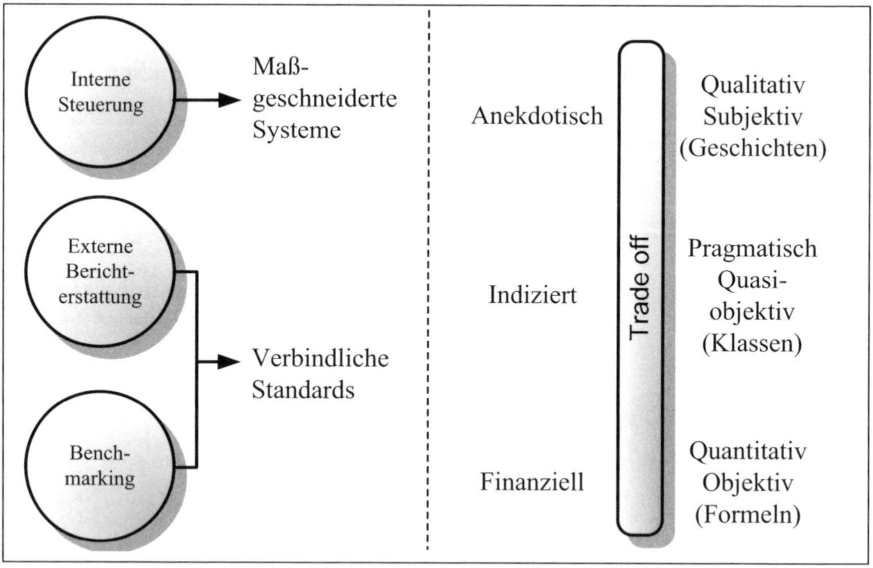

Verwendungszweck und daraus resultierende Art der Wissensbilanz (links) und Skala der Messansätze bei Wissensbilanzen (rechts)

Charakteristik

Da das intellektuelle Kapital von Unternehmen immer mehr ins Zentrum der Aufmerksamkeit rückt, werden in zunehmendem Maß neben den Finanz- auch Wissensbilanzen von Unternehmen gefordert bzw. vorgelegt.

Unter intellektuellem Kapital versteht man dabei inzwischen nicht mehr nur Lizenzen, Patente, Markenrechte und Ähnliches, sondern vor allem das Wissen in den Köpfen der Mitarbeiter und das Beziehungskapital eines Unternehmens.

Die Modelle unterscheiden sich sowohl hinsichtlich der dahinter stehenden Motivation bzw. Zielsetzung als auch in ihrem konkreten Ansatz für die Messung des intellektuellen Kapitals (siehe Abbildung). Zu bemerken ist, dass durch nationale und internationale Bilanzierungsvorschriften in immer mehr Bereichen das Ausweisen von intellektuellem Kapital in der Bilanz zwingend vorgeschrieben wird. Beispiele hierfür sind die *Danish Guideline on Intellectual Capital Statements* und das *Österreichische Universitätsgesetz von 2002*. Vor allem innovative kleine und mittelständische Unternehmen werden in Zukunft durch die Kreditvergabe-Richtlinen von Basel II vermehrt gezwungen sein, die immateriellen Vermögenswerte ihres Unternehmens durch eine Wissensbilanz darzustellen, um das Kreditrisiko und damit die Zinsgestaltung positiv zu beeinflussen.

Allgemein werden die Arten der Wissensbilanzen in summarische (Controlling-Zugang, monetäre Kalküle, keine Prozessbetrachtungen) und analytische Verfahren (Kennzahlen, Indikatoren, Geschichten) unterteilt. Die analytischen Verfahren können weiter in Struktur- und Prozessmodelle unterteilt werden.

Die Strukturmodelle gliedern das intellektuelle Kapital in Kategorien und versuchen, die Wissensbestände einer Organisation durch Indikatoren systematisch zu erfassen und kategorisiert darzustellen.

Zusätzlich zu dieser Einteilung legen Prozessmodelle auch noch den Fokus auf die Erfassung und Abbildung von Wissensflüssen. In letzter Zeit werden vor allem diese Modelle als Wissensbilanzen oder *Intellectual Capital Reports* verwendet.

Eine umfassende Liste von Wissensbilanz-Modellen ist der Grafik auf Seite 232 zu entnehmen.

Summarische Verfahren Controlling-Zugang, monetäre Kalküle, Unternehmensprozesse sind Black Box	**Analytische Verfahren** Kennzahlen, Indikatoren, Geschichten, Mikrobetrachtung des Unternehmens	
	Strukturmodelle	**Prozessmodelle**
Tobin's Ratio Value Added on Intellectual Capital (VAIC) Return on Management nach Strassmann Return on Assets Method (ROA) Market Capitalization Method (MCM) Direct Intellectual Capital Method (DIC) MVA und EVA nach Stewart/Rappaport Citation-weighted Patents Human Resource Accounting (HRA) Financial Method of Intangible Assets Measurement (FiMIAM) nach Rodov und Leliaert	Skandia-Navigator nach Edvinsson Intangible Asset Monitor nach Sveiby Technology Broker nach Brooking IC-Rating nach Edvinsson Modell nach Che, Zhu und Xie	Mehrstufiges Indikatorensystem nach North et al. IC-Index nach Roos Danish Guideline Fraunhofer KAM-Modell Wissensbilanzmodell des ARCS Wissensbilanzmodell der Universität Innsbruck

Auswahl an Verfahren zur Erstellung einer Wissensbilanz

Praktische Umsetzung

Der erste Schritt zur Erstellung einer Wissensbilanz ist die Auswahl eines geeigneten Modells. Hier spielen neben dem Motiv für die Erstellung vor allem der Aufwand und die geplante Verwendung der Erkenntnisse aus der Wissensbilanz eine entscheidende Rolle.

Praktisch alle Modelle haben einen sehr detaillierten Leitfaden für die Implementierung integriert, wobei sich die Vorgehensweise von Modell zu Modell nur unwesentlich unterscheidet.

Wichtig

Die Erstellung einer Wissensbilanz kann sehr schnell zu erheblichem Aufwand führen, wenn das Verhältnis zwischen Aufwand und Zielsetzung nicht berücksichtigt wird.

Wesentliche Schlüsse in Bezug auf Veränderungen im Unternehmen können aus Wissensbilanzen erst nach einiger Zeit gewonnen werden, weshalb der Aufwand für die Erstellung von entscheidender Bedeutung für den Erfolg des Werkzeuges ist. Die Beobachtung der Veränderungen über längere Zeiträume und die daraus abgeleiteten Maßnahmen sind wesentliche Elemente für eine effiziente Nutzung von Wissensbilanzen.

Technische Voraussetzungen/Hilfsmittel

Grundsätzlich sind keine technischen Hilfsmittel notwendig, jedoch erleichtern EDV-Hilfsmittel in vielen Fällen die Auswertung und Darstellung der Ergebnisse.

Zusammenfassung

Die Erstellung einer Wissensbilanz ist eine Möglichkeit, das an Bedeutung gewinnende intellektuelle Kapital strukturiert abzubilden.

Durch die Art der Darstellung ergibt sich auch die Möglichkeit, systematisch Schwächen im Bereich von Wissensbeständen oder Wissensprozessen zu erkennen und zu beseitigen.

Wissenskarten

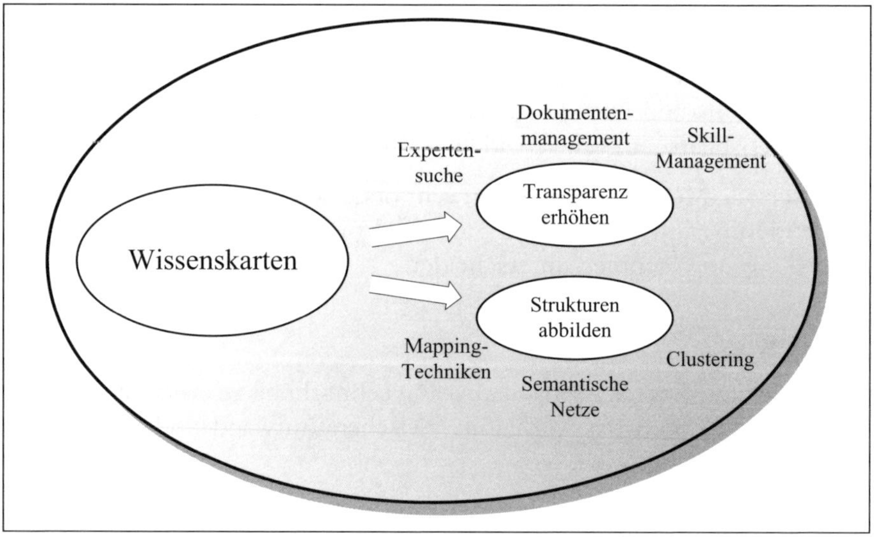

Wichtigste Eigenschaften und verwandte Werkzeuge

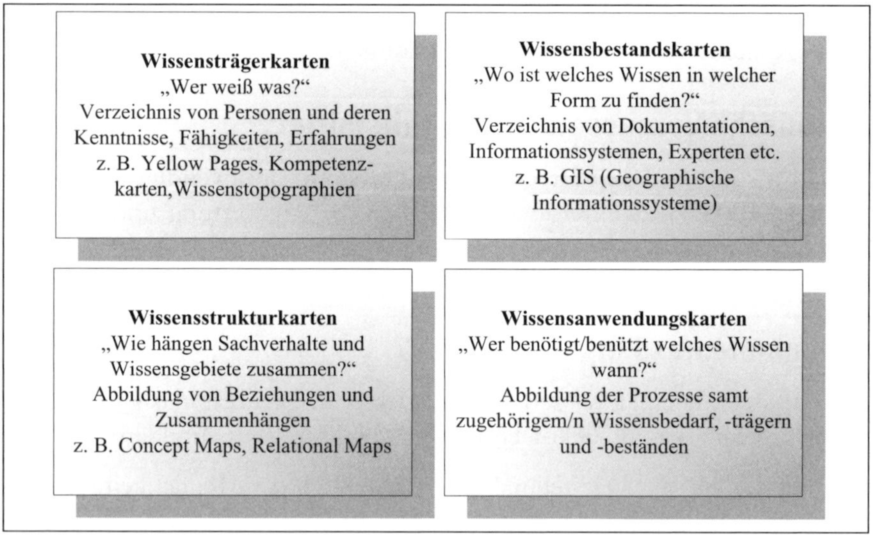

Die vier gängigsten Arten von Wissenskarten

Charakteristik

Wissenskarten sind graphisch aufbereitete Verzeichnisse von Wissensquellen, wie beispielsweise Wissensträgern, -beständen, -strukturen oder -anwendungen. Sie zeigen den „Weg zum Wissen" und schaffen damit Transparenz über vorhandene Erfahrungen, Kenntnisse und Fähigkeiten. In der Regel werden diese Verzeichnisse mit Hilfe von Visualisierungs- und Navigationstools aufbereitet und unterstützt.

Praktische Umsetzung

In Abhängigkeit von den Kriterien, nach denen diese Verzeichnisse strukturiert sind, unterscheidet man verschiedene Typen von Wissenskarten (siehe die Abbildung auf Seite 234). Besonders weit verbreitet sind *Yellow Pages*, die deshalb in einem separaten Abschnitt beschrieben werden.

Nach der Entscheidung, welche Art von Wissenskarte die benötigten Informationen liefert, werden die entsprechenden Wissensquellen identifiziert und erfasst. Dies kann beispielsweise über eine Umfrage nach dem Schneeballsystem ausgehend von Kernwissensträgern erfolgen. Auf dieser Basis wird dann – eventuell mittels *Mapping-Techniken* – die Struktur der Karte ausgearbeitet. Abschließend wird dieser Entwurf dann auf eine technische Plattform übertragen und als Informationsquelle zugänglich gemacht.

Wichtig

Schlüssel für die tatsächliche Nutzung ist die ständige Erweiterung und Aktualisierung der Wissenskarte.

Technische Voraussetzungen/Hilfsmittel

Wissenskarten werden auf einer technischen Plattform mit entsprechender Software umgesetzt.

Zusammenfassung

Wissenskarten sind Verzeichnisse, die unterschiedliche Wissensquellen lokalisieren und für mehr Transparenz und optimierte Wissensnutzung sorgen.

Workflow-Management

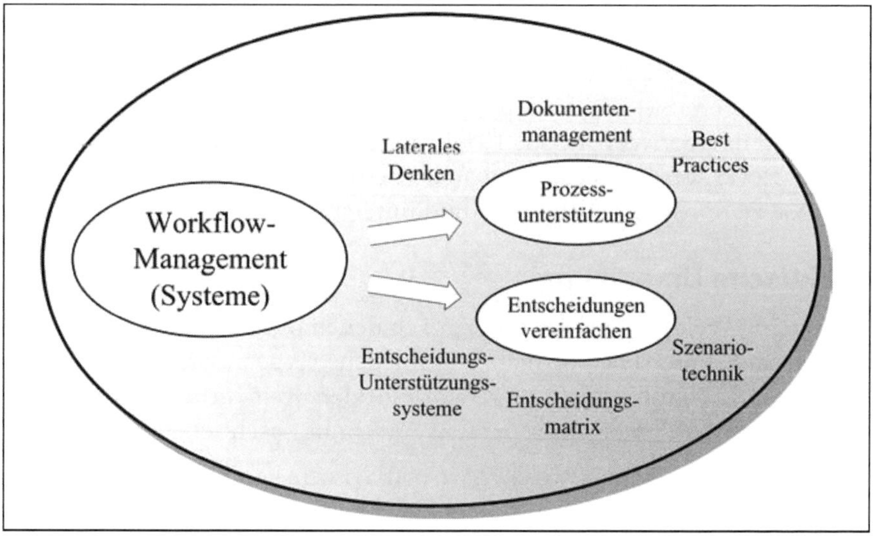

Wichtigste Eigenschaften und verwandte Werkzeuge

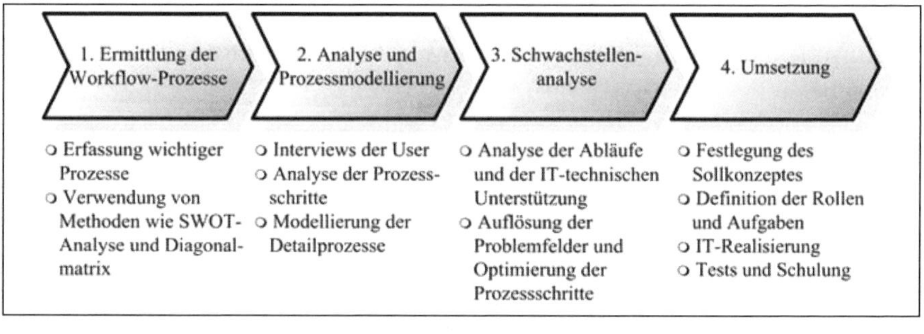

Umsetzungsprozess von Workflow-Management

Charakteristik

Ein Workflow ist eine Abfolge von Handlungen, die eine definierte Anzahl von Personen ablaufgesteuert in die Verarbeitung einbezieht. Die Einbeziehung der Personen erfolgt meist computer- bzw. softwareunterstützt. In der Vergangenheit hätte man von einem (Akten-)Genehmigungsverfahren gesprochen. Die eingebundenen Personen ändern sich je nach Aufgabe und meist wird für Personengruppen eine „Rolle“ vergeben. Eine Task (Handlungsvorgang) wird dann auf eine Rolle übertragen.

Grundsätzlich kann ein Workflow mehrmals durchlaufen werden. Ein Workflow hat meist einen definierten Besitzer und eine festgelegte Lebensdauer. Der Workflow-Prozess legt den automatisierten organisatorischen Ablauf fest. Ein Workflow-Management-System (WFMS) ist die Gesamtheit von Instrumentarien für die Erstellung, Aktivierung, Administrierung und Überwachung von Workflow-Prozessen.

Praktische Umsetzung

Die Umsetzung von Workflow-Management-Systemen hat in folgenden Schritten zu erfolgen:

- 1. Schritt: Ermittlung und Darstellung wichtiger Ablaufprozesse. Hier unterstützt zum einen die SWOT-Analyse (Stärken/Schwächen), zum anderen die Diagonalmatrix zur Prozessdarstellung
- 2. Schritt: Erfassung der Prozessdetails über Workshops bzw. Interviews. Übertragung der Ergebnisse in die Diagonalmatrix und Beschreibung der Problemfelder
- 3. Schritt: Auflösung der Problemfelder und Erarbeitung der Prozessoptimierung
- 4. Schritt: Festlegung des optimierten Sollprozesses, die Rollen- und Aufgabenprofile der späteren Workflow-User. Umsetzung des Soll-Prozesses mit einem IT Tool und Schulung der Benutzer.

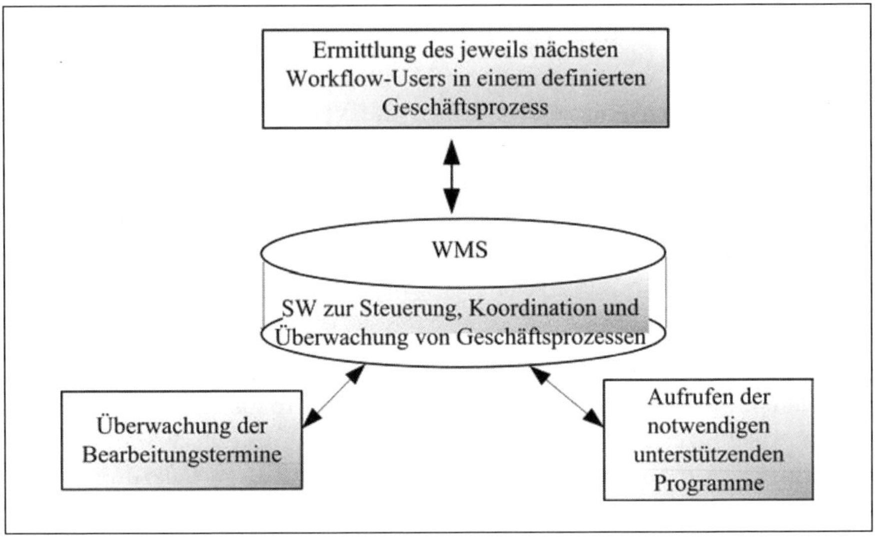

System- und softwaretechnische Anforderungen

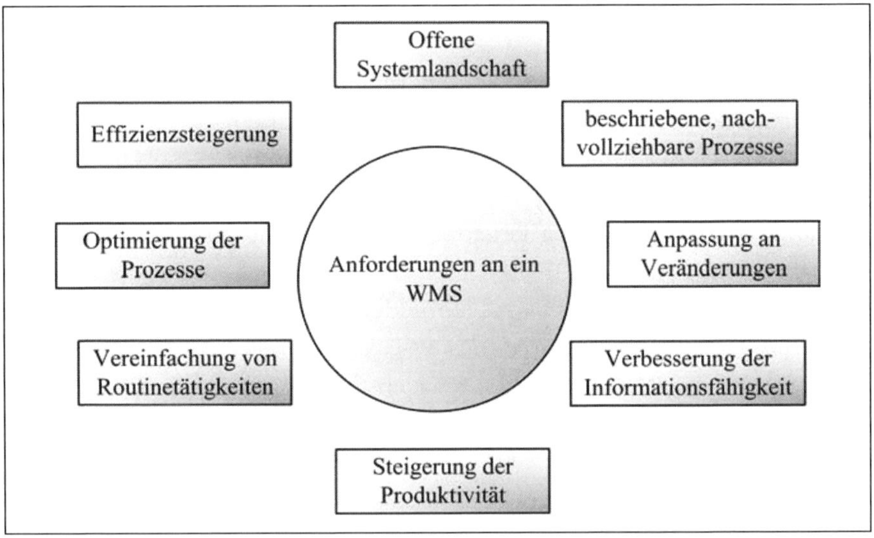

Generelle Anforderungen an Workflow-Management-Systeme

Wichtig

Für die Umsetzung von Workflow-Management-Sytemen ist es notwendig, die Abläufe (Unternehmensprozesse) klar und nachvollziehbar zu strukturieren und zu dokumentieren. Um die Klarheit und das Verständnis für alle Betroffenen zu fördern, sind Rollen und Aufgaben zu definieren und diese den handelnden Personen zuzuweisen.

Bei der Integration von Daten aus heterogenen Systemlandschaften ist auf die Offenheit und Integrierbarkeit der installierten SW-Systeme zu achten.

Technische Voraussetzungen/Hilfsmittel

Für die Umsetzung von Workflow-Management-Systemen sind zeitgemäße Software-Lösungen notwendig. In Unternehmen sind für die betrieblichen Abläufe meist ERP-Systeme (Enterprise Resource Systems) im Einsatz – WMS-Anwendungen sind bei diesen SW-Tools meist integriert. Die Kosten dafür sind je nach Anforderung und bestehender Systemlandschaft unterschiedlich.

Zusammenfassung

Workflow-Management-Systeme unterstützen definierte Genehmigungsverfahren in Unternehmen, um diese Prozesse gesteuert und beschleunigt durchführen zu können.

WMS arbeiten auf Basis neuester IT-Technologie und sind vielfach Bestandteil neuer ERP-Lösungen sowohl im Umfeld industrieller Anwendungen als auch in der öffentlichen Verwaltung.

Yellow Pages

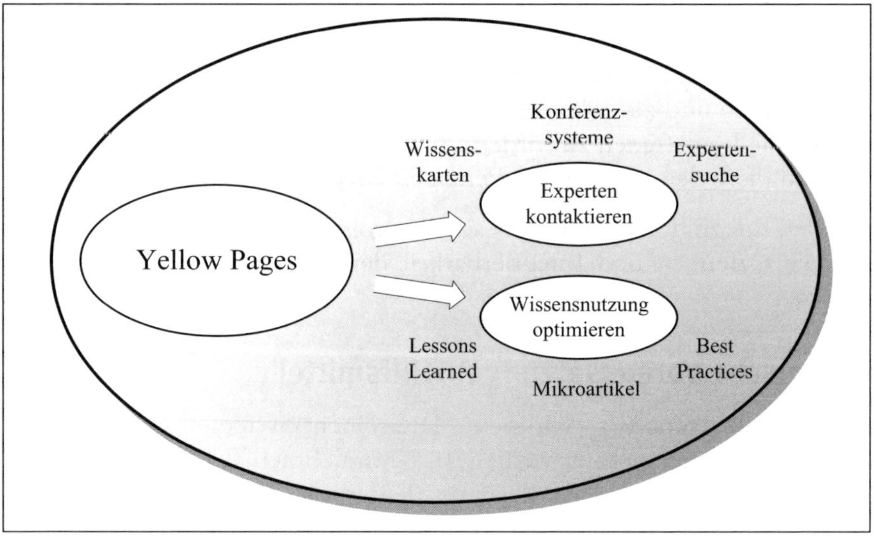

Wichtigste Eigenschaften und verwandte Werkzeuge

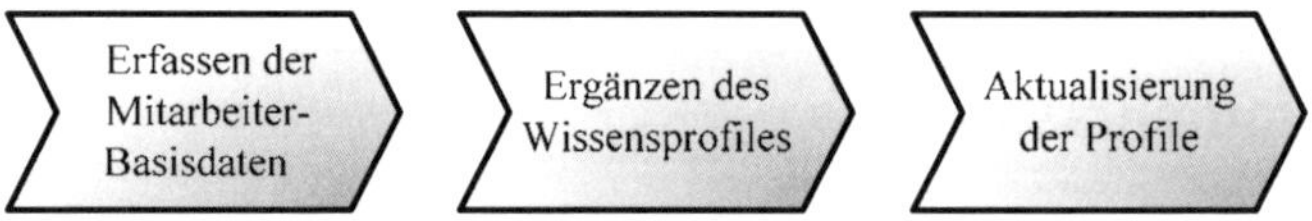

Wer?	Personalabteilung	Mitarbeiter selbst	Mitarbeiter selbst
Basis?	Mitarbeiter-stammdaten	Standardisiertes Formular	Korrekturmeldungen
Was?	• Name • Abteilung • Telefonnummer • E-mailadresse • Postadresse	• Ausbildung • Weiterbildung • Aufgabengebiet • (Projekt-)Erfahrung Inkl. Einstufung der Kenntnisse mittels einer Skala	• Korrekturen • Ergänzungen

Erstellungsprozess einer Yellow Page

Charakteristik

Yellow Pages sind elektronische Expertenverzeichnisse, in denen nach den Fähigkeiten, Fertigkeiten, Kenntnissen, Erfahrungen und Kontaktadressen der einzelnen Mitarbeiter gesucht werden kann. Umfassen solche Verzeichnisse auch externe, also firmenfremde Experten, so werden sie als *Blue Pages* bezeichnet.

Praktische Umsetzung

Bei der Erstellung von Yellow Pages hat sich folgende Aufgabenteilung bewährt: Erst stellt die Personalabteilung die Kontaktdaten der einzelnen Arbeitnehmer bereit, dann ergänzt der jeweilige Mitarbeiter selbst sein Profil mit Hilfe eines Formulars um seine persönlichen Kenntnisse, Fähigkeiten, Fertigkeiten und Erfahrungen und bewertet deren Tiefe. Es sind aber auch Software-Lösungen am Markt, bei denen die Erstellung und Aktualisierung der Wissensprofile durch Softwareagenten erfolgt. Die weitere Nutzung basiert im Kern auf einer Schlagwortsuche in diesen Wissensprofilen. Integrierte Lösungen unterstützen auch noch die Kontaktaufnahme (E-Mail, Messaging etc.) mit den zuvor erhobenen Experten.

Wichtig

Bei der Erstellung von Yellow Pages ist unbedingt auf die Einhaltung datenschutzrechtlicher Bestimmungen zu achten. Um die Aktualität der Wissensprofile sicherzustellen, sollten entsprechende Anreize für die Mitarbeiter zur regelmäßigen Aktualisierung des eigenen Profils geschaffen werden.

Technische Voraussetzungen/Hilfsmittel

Mindestvoraussetzung ist eine Textverarbeitung mit Suchfunktionalität.

Zusammenfassung

Yellow Pages sind elektronische Expertenverzeichnisse, die die Suche nach Spezialisten und die Kontaktaufnahme mit diesen und damit die Nutzung vorhandenen Wissens unterstützen.

Zeitmanagement

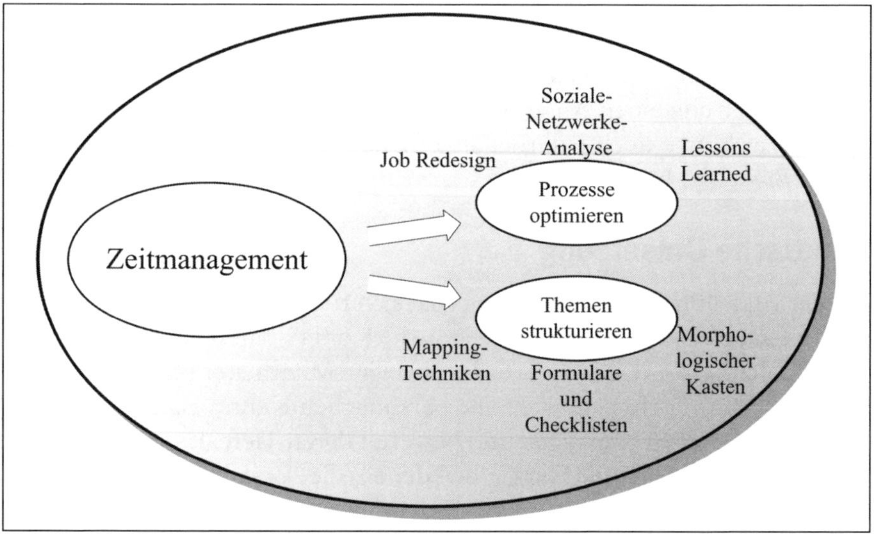

Wichtigste Eigenschaften und verwandte Werkzeuge

Planungshorizonte im Zeitmanagement nach Knoblauch et al.

Charakteristik

Der Begriff Zeitmanagement wurde in den letzten Jahren aufgrund des steigenden Drucks in Beruf und Freizeit immer populärer. Gleichzeitig hat aber ein Wandel des Fokus vom Steigern der Effizienz über die Verbesserung der Effektivität bis hin zur Gestaltung der Work-Life-Balance stattgefunden.

Praktische Umsetzung

Die zentrale Bedeutung von modernem Zeitmanagement liegt in der Abstimmung der unterschiedlichen Planungshorizonte (siehe die Grafik auf Seite 242) untereinander. Dies soll gewährleisten, dass einerseits langfristige Ziele nicht im Tagesgeschäft untergehen und andererseits die kurzfristigen Aktivitäten optimal geplant werden.

Der Fokus verschob sich während der letzten Jahre dabei immer weiter weg von der reinen Steigerung der Arbeitseffizienz und -effektivität in Richtung Ausgeglichenheit zwischen Arbeit und Freizeit und anschließend weiter hin zur Berücksichtigung sozialer Aktivitäten bei der Zeitplanung.

Wichtig

Während für die langfristige Planung eine zu starke Konzentration auf Hilfsmittel vielfach hinderlich ist, sind für die Planung im Tages- und Wochenbereich technische Hilfsmittel durchaus üblich und sinnvoll sind.

Technische Voraussetzungen/Hilfsmittel

Grundsätzlich sind für Zeitmanagement keine technischen Hilfsmittel erforderlich. Vor allem für die kurzfristige Planung gibt es aber eine große Zahl von technischen Hilfsmitteln.

Zusammenfassung

Zeitmanagement soll nicht nur helfen, die Tagesaufgaben effizient zu planen, sondern auch sicherstellen, dass durch den gestiegenen Druck der Fokus auf die mittel- und langfristigen Ziele nicht verloren geht. Bei langfristigen Planungshorizonten wird auch die Pflege des sozialen Umfeldes berücksichtigt.

Literaturempfehlungen

Zum Thema Wissensmanagement gibt es viele Publikationen, die sich für eine vertiefte Auseinandersetzung mit dem Thema eigenen. Die folgende Liste stellt einen Auszug von Werken dar, die nach Sicht des Autorenteams besonders lesenswert sind:

- Argyris Ch., Schön D. (2002): „Die Lernende Organisation", Klett Cotta Verlag
- Argyris Ch. (1997): „Wissen in Aktion", Klett-Cotta Verlag
- Baeza-Yates R., Ribeiro-Neto B. (1999): „Modern Information Retrieval", ACM Press
- Collison C., Parcell G. (2005): „Learning to fly", Capstone Publishing Ltd
- Davenport Th., Prusak L. (1999): „Wenn Ihr Unternehmen wüßte, was es alles weiß …", Verlag moderne Industrie
- De Bono E. (2002): „De Bono's neue Denkschule. Kreativer denken, effektiver arbeiten, mehr erreichen", mvg Verlag
- De Bono E. (1999): „Six Thinking Hats", Penguin Books Ltd
- Doppler K., Lauterburg Ch. (1999): „Changemanagement", Campus Verlag
- Drucker P. (1991): „The New Productivity Challenge", in: Harvard Business Review, 11/12, 1991, S 69–79
- Firestone J. M., McElroy M. (2002): „Generations of Knowledge Management", Executive Information Systems Inc.
- Frenzel K. u. a. (2004): „Storytelling", Hanser Wirtschaft
- Geißler H. (2003): „Balanced Organization", Luchterland Verlag
- Harvard Business Review on Knowledge Management, Harvard Business School Publishing, 1998
- Kilian D. (2004): „Weiterbildung in Veränderungsprozessen", Studia, Innsbruck
- Nonaka I., Takeuchi H. (1997): „Die Organisation des Wissens", Campus Verlag
- North K. (2001): „Wissensorientierte Unternehmensführung", Gabler Verlag

- Pawlowski P., Reinhardt R. (2002): „Wissensmanagement“, Luchterhand
- Probst G., Raub S., Romhardt K. (1999): „Wissen managen“, Gabler Verlag
- Schein E. (2003): „Angst und Sicherheit – die Rolle der Führung im Management des kulturellen Wandels und Lernens“, in: Organisationsentwicklung – Zeitschrift für Unternehmensentwicklung und Changemanagement, Ausgabe 03/2003
- Schneider U. (2001): „Die 7 Todsünden im Wissensmanagement“, Frankfurter Allgemeine Zeitung
- Snowden D. (2001): Cynefin, „A sense of time and space, the social ecology of knowledge management“, in: Knowledge Horizons: The Present and the Promise of Knowledge Management, Editoren Despres C. und Chauvel D., Butterworth Heinemann
- Sonntag K. H. (1996): „Lernen im Unternehmen“, C. H. Beck Verlag
- Willke H. (2001): „Systemisches Wissensmanagement“, Lucius & Lucius UTB Verlag